Children's Encyclop

探索频道少儿大百科

恐龙

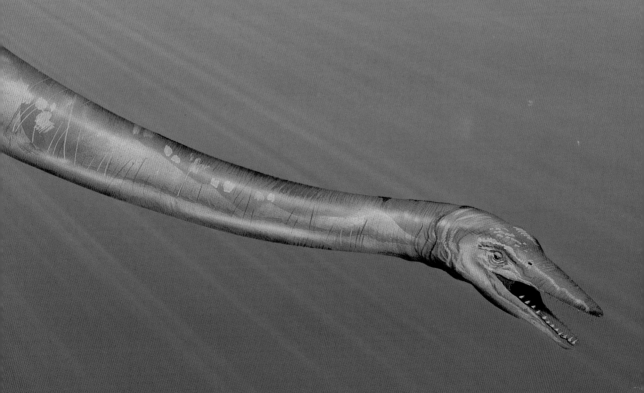

Children's Encyclopedia

探索频道少儿大百科精华版

恐龙

〔英〕约翰·马拉姆 〔英〕史蒂夫·帕克/著 〔英〕诺玛·伯金 等/绘 邢立达 王申娜/译

长江出版传媒 ｜ 长江少年儿童出版社

图书在版编目（CIP）数据

恐龙／〔英〕马拉姆，〔英〕帕克著；〔英〕伯金等绘；邢立达，王申娜译. 一武汉：长江少年儿童出版社，2015.6

（探索频道少儿大百科：精华版）

书名原文：Children's dinosaur encyclopedia

ISBN 978-7-5560-2575-6

Ⅰ.①恐… Ⅱ.①马…②帕…③伯…④邢…⑤王… Ⅲ.①恐龙－少年读物 Ⅳ.①Q915.864-49

中国版本图书馆CIP数据核字(2015)第062458号

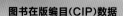

恐龙

〔英〕约翰·马拉姆〔英〕史蒂夫·帕克／著 〔英〕诺玛·伯金等／绘

邢立达 王申娜／译

策划编辑／周 杰 **责任编辑**／佟 一 傅一新 王 卫

装帧设计／王 中 **美术编辑**／蔡优彬

出版发行／长江少年儿童出版社

经销／全国新华书店

印刷／深圳市福圣印刷有限公司

开本／787×1092 1/16 14印张

版次／2015年7月第1版第1次印刷

书号／ISBN 978-7-5560-2575-6

定价／39.80元

Discovery Channel Children's Dinosaur Encyclopedia

策划／心喜阅信息咨询（深圳）有限公司 **咨询热线**／0755-82705599 **销售热线**／027-87396822 http://www.lovereadingbooks.com

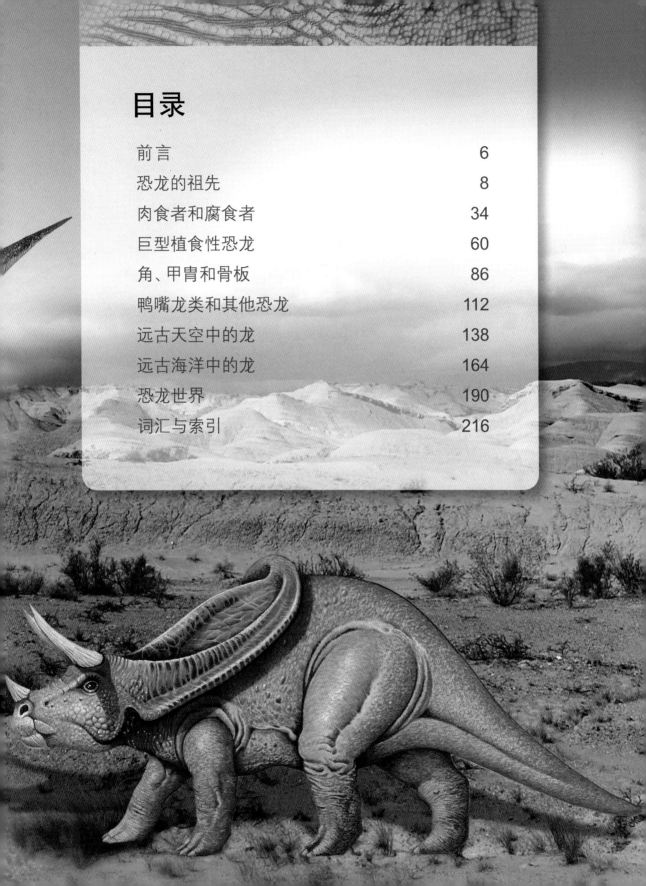

目录

前言

　　恐龙生活在距今2.5亿至6500万年前的地球。无论是沙漠、森林，还是草原，全世界都发现了恐龙的踪迹。天空和水中还生活着它们的亲戚。

　　本书告诉你不同类型恐龙的故事。你可以了解它们生存的世界，各自的生活习性，以及最终它们是如何灭绝的。

　　书后还列出了一些有用的词汇，以及一个便于查找的索引。

恐龙的祖先

距今38亿年前，地球上开始出现生命。生命最初诞生在海洋里，形态非常简单。此后生命逐渐向陆地迁移，直至飞向天空。它们其中的一个群体在史前世界演化得非常成功，那就是爬行动物。

什么是爬行动物？

爬行动物属于脊椎动物，它们和哺乳动物及鸟类一样都长有脊椎骨。现在大多数爬行动物都生活在陆地上，不过鳄鱼既能生活在陆地上也能生活在水里，海龟和某些种类的蛇则完全生活在水里。

爬行动物特征

一般而言，爬行动物是冷血动物，身上长有鳞片，它们会产下带硬壳的蛋。

爬行动物统治地球的时间

早在距今数亿年前，爬行动物就成为地球上最强大的物种——就像现在地球上的哺乳动物一样。爬行动物的统治时间从2.5亿年前一直延续到距今6500万年前。

你知道吗？

地球上至今仍生活着将近6000种爬行动物。

重爪龙是一种以捕鱼为生的大型恐龙。

现代爬行动物

　　许多爬行动物，例如恐龙，已经在距今6500万年前灭绝了。但还有一些爬行动物，例如鳄鱼、蜥蜴、海龟和蛇等，都存活了下来。

史前爬行动物

　　恐龙曾经在陆地上占据整个生物链顶端将近2亿年。当时的天空飞翔着翼龙，海里遨游着蛇颈龙。

梁龙属于蜥脚类恐龙，这是一类巨型植食性恐龙。

腕龙是最大的蜥脚类恐龙之一。

爬行动物的起源

最初的爬行动物是从另一类适应陆地生活的动物种群——两栖动物发展而来的。两栖动物是最早有四肢而不再长鳍的生物。两栖动物可以爬上陆地，但是不能长久离开水。因此，两栖动物既能活跃在陆地上，又能在水中畅游。

四肢VS鳍

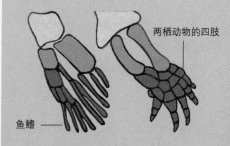

两栖动物的四肢

鱼鳍

两栖动物的四肢和鱼的鳍不同，它们的四肢上有指与趾，这可以让它们在陆地上行走、攀爬和挖洞。

两栖生活

两栖动物既能在陆地上行走也能在水里游泳，现在地球上仍生存着的青蛙和蝾螈就具有这样的本领。最初的两栖动物是在水里产蛋，蛋很柔软，外面包裹着一层果冻一样的物质。这种蛋如果产在陆地上，很快就会干掉。

走向陆地

为了躲避水中掠食者（比如鱼和板足鲎）的捕杀，早期的两栖动物逐渐延长待在干燥的陆地上的时间。

在干旱的陆地上生活

早期的两栖类动物在干旱的陆地上待的时间越来越长，它们的身体逐渐发生改变。原本光滑的皮肤覆盖上了鳞片，开始产带硬壳的、可在陆地上孵化的蛋。于是这群动物成为世界上最早的爬行动物。

现代的两栖动物

今天有超过4200种不同种类的两栖动物生活在地球上。它们被分为三个类群：青蛙和蟾蜍在一个类群里；蝾螈属于另一个类群；有点像蠕虫的蚓螈则属于第三个类群。

13

棘螈

这种两栖动物是最早的陆地动物之一，它们长有四肢，足上长有脚趾。和别的两栖动物一样，棘螈从鱼类演化而来，它们早期都长着肉质或骨质的鳍。一些学者认为，棘螈主要生活在浅水沼泽地区。

长得像鱼但有四条腿

棘螈有像鱼一样的尾巴，也有鳃可以在水里呼吸。不仅如此，它还长有像陆生动物那样的肢脚。

更适合在水中生活

羸弱的肢脚决定了棘螈在水中生活的能力要比在陆地上强。它可以把肢脚当桨，自由自在地游泳。同时它也可以拖着身体到岸上爬行、猎食。

你知道吗？

当今世界最大的两栖动物是中国的大鲵（娃娃鱼），有的能长至1.5米。

多种捕食形式

棘螈可在水中捕鱼，也能在陆地上捕食昆虫和其他小动物。

棘螈的足

这种两栖动物的足上长有蹼，就像现在的鸭子和鹅一样。这样的足有利于在水中行进。每只足上有八根趾头。

棘螈在陆地上捕食昆虫。

棘螈小档案

生存时间：距今3.7亿年前

发现地点：格陵兰岛

（位于北美洲东北、北冰洋和大西洋之间。）

体长：60厘米

最初的爬行动物 I

世界上最早的爬行动物出现于距今3.5亿年前至3亿年前。它们长出了肢脚，而不再是桨状的四肢，并且产带硬壳的蛋。

油页岩蜥

油页岩蜥是体形纤长的蜥蜴，可能是一种行动敏捷的掠食者。和现在的蜥蜴一样，它们以捕食昆虫为生。

油页岩蜥小档案

生存时间：距今3亿年前
发现地点：北美洲
体长：40厘米

西洛仙蜥

一些学者认为这种动物更像两[栖]动物而不是真正的爬行动物。西洛[仙]蜥生活在靠近水源的地方，以捕食[蜘]蛛和昆虫为生。

西洛仙蜥小档案

生存时间：距今3.5亿年前
发现地点：欧洲
体长：30厘米

爬行动物的蛋

爬行动物的蛋都有着坚硬的外壳，以保护里面的蛋容物不会变干。这意味着爬行动物可以在陆地上产下它们的蛋，而不需要再像两栖动物那样非得爬回水中产蛋不可。

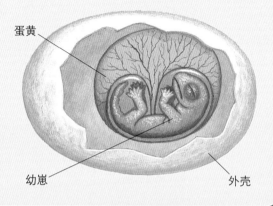

蛋黄

幼崽

外壳

古单弓兽

一种外表类似蜥蜴的小型爬行动物，生活在森林中，以捕食昆虫和其他小型生物为生。它用锋利的牙齿来捕捉和咬食猎物。

古单弓兽小档案

生存时间：距今3亿年前
发现地点：北美洲
体长：30厘米

帕克氏龙

帕克氏龙的模样怪吓人的，但这种身体短粗的大型动物只吃植物。它的身体表皮上覆盖着许多坚硬的骨质鳞片，这可以保护它免遭敌人侵袭，同时也可以强化它那沉重的身躯。

帕克氏龙小档案

生存时间：距今2.5亿年前
发现地点：南非、欧洲
体长：2.5米

最初的爬行动物 Ⅱ

早期的爬行动物长得千奇百怪，它们当中有的延续下来，有的没有。兔鳄有着长腿，看上去就像后期的恐龙，但它并不是恐龙。

米勒古蜥

这种行动敏捷的小型蜥蜴很可能以昆虫为食。它的脑袋后边有轻微的凹陷处，这意味着它有耳膜，良好的听力有助于它捕食猎物。

盾甲龙

身躯沉重的盾甲龙以吃浮游在湖面和水塘的水生植物为生。它的牙齿就像锯齿，这使得它可以轻易"锯"下坚硬的植物。盾甲龙的身体表皮上覆盖着许多骨质疙瘩，这可以保护它免遭掠食者的侵袭。

米勒古蜥小档案

生存时间： 距今2.5亿年前
发现地点： 南非
体长： 60厘米

盾甲龙小档案

生存时间：距今2.5亿年前

发现地点：欧洲

体长：2.5米

兔鳄

身形和长腿都表明了兔鳄是一种奔跑迅速、行动敏捷的爬行动物，这就和许多恐龙别无二样。它行动敏捷，善于捕食昆虫，能够迅速躲避敌害。

沉重的前后肢表明这种动物行动迟缓。

兔鳄小档案

生存时间：距今2.3亿年前

发现地点：南美洲

体长：40厘米

爬行动物和两栖动物的前肢

通过观察动物的前肢，我们可以知晓动物的一些生活情况。两栖动物的前肢不能很好抓握，但可以在水中划行。爬行动物的前肢长有纤长的指爪，很适于抓住猎物或者在地面打洞筑巢。

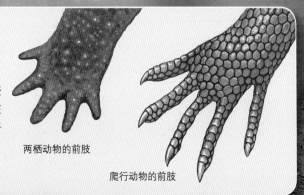

两栖动物的前肢

爬行动物的前肢

最初的爬行动物Ⅱ

一些早期的爬行动物具有后世恐龙的特征。像恐龙一样，有的早期爬行动物长着双孔型的头颅，这意味着它们的脑袋两边各有两个颞孔。

你知道吗？

在这些早期爬行动物生活的时期，地球上的大部分陆地都连接在一起，形成一块被称之为"泛大陆"的超大陆。"泛大陆"一词意为"连在一起的古陆"。

长鳞龙

这种外形古怪的动物背上长着两排长长的鳞片。一些学者认为这种鳞片可以像翅膀那样向两边张开。其他人则认为这些鳞片色彩鲜艳，是用来吸引异性的。

长鳞龙小档案

生存时间：	距今2.3亿年前
发现地点：	亚洲
体长：	15厘米

异平齿龙

这种外形像猪的动物用四肢行走，靠吃坚硬的植物为生。它的颌部前端长着强壮的喙嘴，可以把食物嚼碎。

异平齿龙小档案

生存时间：距今2.1亿年前
发现地点：亚洲
体长：1.3米

蕨类

蕨类在地球上出现的时间要远比显花植物早。它们有大的分叉叶（小叶）。蕨类是诸如异平齿龙这类动物的主要食物。

头骨上的孔

爬行动物分为三种不同类型。其中一类叫无孔型，头骨呈方形，没有颞孔。另外的单孔型头骨两边各有一个颞孔，双孔型头骨两边则各有两个颞孔。肌肉穿过颞孔连接，颌部可以大角度地张开。

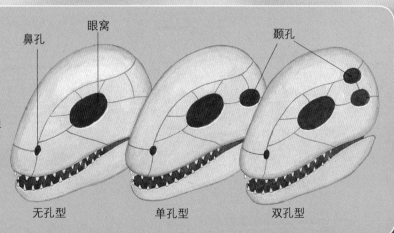

鼻孔　　眼窝　　　　颞孔

无孔型　　　单孔型　　　双孔型

林蜥

林蜥是已知最早期的爬行动物之一，化石于1851年发现于加拿大的新斯科舍。其学名的含义为"森林里的老鼠"，它们生活在森林的地面上。

蜥蜴的样子

林蜥身长大约20厘米，看上去就像小型蜥蜴，习性可能也与之相同。它的身体长而纤细，有着许多锋利的小牙，食物以昆虫为主。林蜥是无孔型爬行动物，因此头骨很坚固。

林蜥在森林的地面上窜行。

你知道吗？

化石是动植物的遗体经过数千年时间变化而成的。

林蜥小档案

生存时间：	距今3.1亿年前
发现地点：	加拿大
体长：	20厘米

生活在林底

林蜥生活在森林底部的种子蕨和树桩中，这里是林蜥的家园，它在这里寻找食物，抚育幼崽。

利齿

林蜥是一种掠食性动物。它吃昆虫和别的小生物，例如蠕虫。林蜥那锋利的尖牙可以刺穿猎物的躯体，甚至坚硬的蜗牛壳也不在话下。

陷进树桩里

人们找到了堆积在一起、数量众多的林蜥化石。据推测这种爬行动物会爬进腐烂的树桩里寻找食物。它们困在那里，其后尸体变成化石。

23

盘龙类和似哺乳爬行动物

大约在最早的恐龙出现之前，也就是距今3亿年前，爬行动物的两个支系出现在地球上。第一支是背帆类，或称盘龙类，它们从似哺乳爬行动物演化而来。

基龙

这种爬行动物的背上长着一排被皮肤覆盖的棘，外形令人诧异，看上去就像一面大帆。它长有许多钝齿，形状就像小挂钉，这种形态的牙齿更适合于吃植物而不是吃肉。

皮肤覆盖的棘形成一面帆。

基龙小档案
生存时间：距今2.8亿年前
发现地点：北美洲、欧洲
体长：3.5米

双异齿兽

凶猛的双异齿兽是一种掠食性动物。它长着大脑袋和强壮的颌部，里面长满锋利的牙齿。学者不知道它背上的帆是干什么用的，但据推测可能是用来保持体温或者吸引异性的。

双异齿兽的牙齿

这种爬行动物学名的含义为"两种类型的牙齿"。双异齿兽颌部前端长着锋利的犬齿，后面的牙则要小一些，适合于切割。

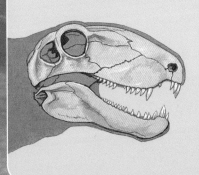

双异齿兽小档案

生存时间：距今2.8亿年前

发现地点：北美洲

体长：3.5米

麝足兽

麝足兽是最大型的似哺乳爬行动物，长着水桶一样的身躯和结实的四肢。它是一种植食性动物，靠强壮的钝牙嚼食。

麝足兽小档案

生存时间：距今2.6亿年前

发现地点：南非

体长：5米

似哺乳爬行动物 I

似哺乳爬行动物是一群史前动物，最早出现于距今3亿年前，并灭绝于距今1.8亿年前。似哺乳爬行动物是哺乳类的直系祖先。这种动物的头骨像哺乳动物，但四肢是像爬行动物一样从身体两侧伸出来行走。

有角的头

冠鳄兽学名的含义为"有脊冠的鳄鱼"，这得名于它头上的角。

冠鳄兽

这种大型爬行动物群居生活在池塘边和湖边，并且是一种杂食性动物（既吃植物也吃动物）。雄性冠鳄兽之间会用头上的角进行斗争，就像现生的成年雄鹿一样。

冠鳄兽小档案

生存时间：距今2.55亿年前	
发现地点：欧洲	
体长：3米	

厚实的头骨可在战斗中
对脑袋起到保护作用。

貘头兽

这种行动迟缓的植食性动物长着厚厚的头骨，学者仍无法确知它们的头颅为什么长这么厚，据猜测这种动物可能会通过互相撞击脑袋来打斗，以选出群体首领。在与竞争对手撞击时，厚实的头骨可以保护脑袋。

貘头兽小档案

生存时间：距今2.7亿年前

发现地点：南非

体长：4米

原犬鳄龙小档案

生存时间：距今2.6亿年前

发现地点：南非、欧洲

体长：60厘米

原犬鳄龙

肉食性的原犬鳄龙属于似哺乳爬行动物的一支——犬齿龙类。它可通过扭动身体，用有蹼的四肢划水。

似哺乳爬行动物 II

晚期的似哺乳爬行动物更像现生的哺乳动物。例如，三尖叉齿兽可能长有毛发；狼面兽像哺乳动物那样四肢直立行走，而不是像蜥蜴一样四肢从身体两侧伸出行走。狼面兽是一种小型肉食动物，它锋利的犬齿和灵活的移动方式使其在陆地上捕食具有优势。

狼面兽

这种动物学名的含义为"狼的脸"，它的确看上去很像狼或狗。这种动物长着强壮的颌部和锋利的犬齿，可以把猎物撕咬成两半。

狼面兽小档案

生存时间：距今2.6亿年前

发现地点：南非

体长：1米

以植物为食

在似哺乳爬行动物生活的时代，地球上还没有今天我们所熟知的显花植物和草，但有大量供爬行动物食用的植物，如桫椤、针叶树和木贼等。

你知道吗?

似哺乳爬行动物占据地球生命统治地位长达8000万年，哺乳动物（包括我们人类）就是这些爬行动物祖先的后嗣。

三尖叉齿兽

三尖叉齿兽样子非常像哺乳动物，它可以边进食边呼吸——哺乳动物都可以做到这一点，但大部分爬行动物做不到。

三尖叉齿兽小档案

生存时间：距今2.5亿年前

发现地点：南非、南极洲

体长：50厘米

水龙兽

这种似哺乳爬行动物的习性和现生河马很相似。它可能会蹚进湖里，用颌部前端的骨质喙咬下植物来吃。

水龙兽小档案

生存时间：距今2.5亿年前

发现地点：南非、亚洲、南极洲

体长：1米

二叠纪物种大灭绝

在距今约2.5亿年前的晚二叠世，地球上发生了一些可怕的事情。大量的陆地动物和海洋动物永久地从地球上消失了。这次大灭绝事件也造成了昆虫的唯一一次大量灭绝。没人知道引发这次物种大灭绝的确切原因是什么，但有许多不同的假说。

火山爆发导致物种灭绝

这一时期有许多火山喷发，火山活动把大量的二氧化碳和其他气体喷进大气中，这会造成酸雨，导致植物死亡，动物也会因为饥饿而死去。

窒息而死

在二叠纪的晚期，地球上发生了多次大规模的火山爆发，频繁的火山爆发意味着大气中二氧化碳的含量越来越高，动物会因此感到呼吸困难，最后窒息而死。同时，大气层中的灰尘遮蔽住了阳光，让陆地和海洋中的生物难以进行光合作用，进而造成食物链的崩溃。

死亡之神来自太空

另一种假说是来自太空的巨大天体——小行星在那个时候撞击了地球。小行星撞击引起火山爆发，大气中充满有毒气体，动植物因此绝灭。

冰冻而死

一些学者认为晚二叠世地球变得极端寒冷，冰川从南北极向全球蔓延，地球经历了长时期的极度严寒，动物无法耐受而最终灭绝。

一旦植物和植食性动物灭绝，肉食性动物就越来越难找到食物从而饿死。

泛大陆

随着各大陆漂移到一起形成一块巨大的超大陆（即泛大陆），海平面发生了改变，这对于生活在浅海里的生物来说可是一场灭顶之灾。但这种假说无法解释为何陆生动物也灭绝了。

古地中海

泛大陆

泛大洋

三叠纪

欧美古陆

古地中海

冈瓦纳古陆

泛大洋

石炭纪

似哺乳爬行动物Ⅲ

许多似哺乳爬行动物灭绝于距今2.48亿年前的那场物种大灭绝。但也有一些得以幸存，例如犬颌兽。这些幸存者成为现生哺乳动物的祖先。

犬颌兽

这种凶猛的动物以群体作为单位一起捕食，攻击比自己大得多的动物。例如肯氏兽就成为它们的猎物。犬颌兽可能还长有毛发。

这种爬行动物学名的含义为"犬的颌部"。

犬颌兽小档案

生存时间：距今2.3亿年前

发现地点：南非、南美洲、南极洲

体长：1米

肯氏兽

肯氏兽只有两颗牙齿，这两颗大犬齿长在颌部前端，除此以外就再也没有牙齿了，但它仍然可以用强壮的颌部咬下植物来吃。

布拉塞龙

这是一种植食性爬行动物。布拉塞龙用它的大犬齿掘食树根或者其他食物。它还可以用尖利的颌部咬断最坚硬的植物。

牙齿长得像哺乳动物

犬颌兽有几种不同类型的牙齿，就像哺乳动物一样，前端锋利的牙齿用来袭击猎物，它也有像狼和狗那样的犬齿，再往后是尖头的颊齿，用于切肉。

布拉塞龙小档案

生存时间：距今2.15亿年前

发现地点：北美洲

体长：3.5米

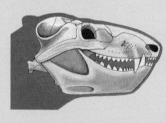

肯氏兽小档案

生存时间：距今2.3亿年前

发现地点：南非、亚洲、
          南美洲、南极洲

体长：3米

肉食者和腐食者

最早的肉食性恐龙出现在距今2.25亿年前。它们包括有史以来世界上最大的掠食者。这些掠食者使世界上的植食性动物为之恐惧了超过1.6亿年，直到距今6500万年前全部恐龙灭绝为止。

兽脚类——肉食性恐龙

　　所有的肉食性恐龙都是兽脚类,兽脚类学名的含义为"兽的足"。大部分的兽脚类都用它们纤长的后肢直立行走。它们奔跑速度很快——比它们猎食的植食性恐龙要快得多。

身体特征

　　大部分肉食性恐龙都长着鸟一样的足,足趾上有爪子。前肢上还有锋利的爪子用来袭击和抓住猎物。

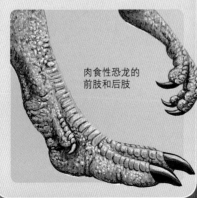

肉食性恐龙的前肢和后肢

惧龙

艾伯塔龙

驰龙

随着时间发生改变

数百万年里，肉食性恐龙不断发生着适应性的演化。后来的物种比早期的掠食者更聪明，腿更长，视力也更好。

你知道吗？

暴龙的颊齿长达1米。

似鸸鹋龙

伤齿龙

暴龙

似鸸鹋龙

牙齿和喙嘴

许多肉食性恐龙都有强壮的颌部和大大的牙齿。其余的一些物种喙嘴里没有牙齿，但它们可以用喙嘴来咬碎猎物的蛋。

37

最早的肉食性恐龙

这些恐龙最先出现在距今2.25亿年前的晚三叠世。它们比后来的掠食者（例如暴龙）要小得多，凶猛程度也不及自己的晚辈。

腔骨龙

这种恐龙的体型天生就适合快速奔跑，腿骨几乎中空，这使得它身体轻盈，可以快速奔跑。

腔骨龙小档案

生存时间：距今2.2亿年前

发现地点：北美洲

体长：3米

始盗龙

始盗龙是最早的恐龙之一，它可以用纤长的后肢快速奔跑。这是一种肉食性恐龙，但它也可能吃动物的尸体，这种食性就叫做腐食性。

始盗龙狭长的颌部布满许多锯齿状的小牙。

始盗龙小档案

生存时间：距今2.25亿年前

发现地点：南美洲

体长：1米

埃雷拉龙

埃雷拉龙是另一种可以快速奔跑的掠食者，它有着窄长的头颅和长长的尾巴，它的前肢要比后肢短得多。为了在快速奔跑中保持身体平衡，它的尾巴要笔直地向后伸出。

埃雷拉龙小档案

生存时间：距今2.2亿年前

发现地点：南美洲

体长：3米

行动敏捷的动物

除了追求速度之外，肉食性恐龙的身体下盘还必须稳当。这让它们可以在快速追赶猎物时快速转身，并仍保持身体平衡。

捕鱼

诸如始盗龙这样的一些小型掠食者，除了捕杀陆地动物外，还可能自己捉鱼来吃。

巨兽 I

后期的肉食性恐龙的体型要比早期的大得多。这些巨兽用强壮的牙齿咬肉，并用锋利的爪子撕开猎物的皮肤。

双脊龙

这种恐龙可能在一起群居捕食，双脊龙最显著的特征是头颅顶端有一对脊冠。它们的脊冠色彩艳丽，但非常脆弱，不可能作为进攻武器，脊冠应该是用来吸引异性或是向其他成员发出信号的。

异特龙

在同时代生活的动物里，异特龙是最大的肉食性恐龙。它是一种巨兽，长着粗壮有力的后肢，S形结实的颈脖，牙齿呈锯齿形，适用于切肉。

双脊龙小档案

生存时间：	距今1.9亿年前
发现地点：	北美洲
体长：	6米

腐食者

除捕食以外，肉食性恐龙也可能是腐食性动物。这意味着它们也吃因年老而死去，或因其他原因死去的动物尸体。腐食性恐龙可以不花多少力气就能弄到吃的。

异特龙小档案

生存时间：距今1.4亿年前

发现地点：北美洲

体长：12米

南方巨兽龙

这种巨型掠食者要比暴龙大得多，它最大的牙齿长达20厘米，这简直令人惊叹！这样的牙齿可以深深刺进猎物的身体里。

南方巨兽龙小档案

生存时间：距今9000万年前

发现地点：南美洲

体长：15米

巨兽 II

强壮的身体和刀片般锋利的牙齿及爪子，使得这些恐龙成为优秀的掠食者。

角鼻龙

这种恐龙长着大脑袋，鼻子前端有小角，眼睛旁还有骨质的大结节。在交配季节它们通过炫耀这些来吸引异性。

角鼻龙小档案

生存时间：距今1.5亿年前

发现地点：北美洲、非洲

体长：6米

群体捕食

肉食性恐龙很可能群体捕食。依靠群体力量，它们可以捕杀比自己大得多的猎物，就算巨型的蜥脚类也难逃它们的魔爪。

艾伯塔龙小档案

生存时间： 距今7000万年前

发现地点： 北美洲

体长： 9米

艾伯塔龙

和它的大多数亲戚一样，艾伯塔龙奔跑的速度很快。当艾伯塔龙追赶猎物时，它的速度可以达到30千米/小时。

颌部末端长有坚硬的喙嘴。

镰刀龙

这种恐龙的爪子长达70厘米，它用爪子掘开白蚁的巢或把植物塞进嘴里。

镰刀龙小档案

生存时间： 距今7000万年前

发现地点： 亚洲

体长： 12米

暴龙

暴龙又叫霸王龙，是最著名的恐龙之一，这种可怕的恐龙一直生活到恐龙时代的最末期。

强悍的杀手

暴龙身体结实，用强壮的后肢直立行走。它的尾巴向后伸展以平衡硕大的头部和身躯。暴龙视力极佳，可以在很远的地方就发现猎物。

偷袭者

暴龙生活在开阔的林地，伏击专心进食的植食性恐龙。暴龙会尽量靠近猎物，然后猛扑过去袭击它们。

也有一些学者认为，暴龙会吃死去的动物的尸体，甚至还会出现同类相食的行为。

大脑袋，大牙齿

暴龙长着一个大脑袋，头颅有1.5米长。它的颌部布满50至60颗刀刃一样的牙齿，其中有些牙齿长达23厘米。

饱餐一顿

　　和现生的狮子、老虎一样，暴龙不需要每天都进食。当猎杀到一头大型植食性恐龙后，它就尽可能地多吃一些，然后饱睡几天。

　　在美国电影《侏罗纪公园》中，就有暴龙猎食一群似鸡龙的场景，最终有一只似鸡龙成为了暴龙口中的美味大餐。

暴龙从丛林后突然跃出，扑向一群惊慌失措的埃德蒙顿龙。

前肢短小

　　这种恐龙的前肢非常短小，甚至不能伸到嘴巴处，但上面的爪子对抓住猎物很有用处。

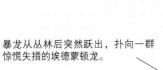

暴龙小档案

生存时间：	距今7000万年前
发现地点：	北美洲
体长：	12米

棘龙类

棘龙类背上的巨帆由覆盖着皮肤的长棘刺组成。背帆可以帮助它保持体温，或是用来吸引异性，甚至击退敌人。

日光浴

每天早晨，棘龙都张开背帆静坐在阳光下，以此来吸收足够热量，用以保持体温和满足一日活动所需。

棘龙

和其他棘龙类成员一样，这种巨型恐龙用它长长的、长满牙齿的颌部捕食鱼类。

它的背帆色彩艳丽。

棘龙小档案

生存时间：	距今1亿年前
发现地点：	非洲
体长：	15米

似鳄龙小档案

生存时间：距今1.05亿年前

发现地点：北非

体长：11米

你知道吗?

棘龙类的大背帆约2米高，这个高度要超过绝大多数的成年人。

似鳄龙

这种恐龙的鼻吻部长达1.2米，里面长有约100颗尖牙，前肢上还长有超长的爪子，适合把鱼从水里捞上来。

激龙小档案

生存时间：距今1亿年前

发现地点：南美洲

体长：8米

激龙

激龙长着像鳄鱼一样的颌部，里面长满钩状的牙齿，适合捕捉鱼类。

重爪龙

1983年，一位化石猎人有了一个令人激动的发现。他在英格兰南部的一个黏土矿坑里找到了一个巨大的爪子化石，学者随后在原址找到了更多的重爪龙骨骼化石。

习性喜水

重爪龙在河滨和池塘边生活，在那里它们可以捉鱼来吃。还有一些动物，例如海龟和鳄鱼，也生活在相同的水域。

巨型拇指爪

这种恐龙每只前肢上都有三根指。指尖长有锋利的爪子。拇指上的爪子长约35厘米，爪子上还有一层坚硬的覆盖物。重爪龙学名的含义就是"重重的爪"。

长颈的肉食性动物

重爪龙用后肢直立行走，头部狭长，有着一个像鳄鱼一样的长吻部，尾巴又长又重。大多数肉食性恐龙的脖子都呈S形，但重爪龙的脖子是笔直的。

以捕鱼为生

最初，当人们发现重爪龙化石时，化石甚至还保存着它胃里的食物。食物的残渣包括一种叫鳞齿鱼的鱼类。

重爪龙用它长满牙齿的颌部从水里叼起一条大鱼。

长满牙齿的颌部

重爪龙颌部很长，里面长着96颗锋利的小牙，这些牙齿很适合捕鱼。

重爪龙小档案

生存时间：	距今1.25亿年前
发现地点：	欧洲
体长：	10米

窃蛋龙

　　这种肉食性恐龙前肢上有着长长的指，指尖则有强壮的弯爪，这种构造很适合捕抓猎物。它们身上的某些部位可能长有毛发，尤其是前肢。

凶猛的杀戮者

　　窃蛋龙是行动敏捷的掠食者，它用锋利的爪子和喙嘴捕杀一些小型爬行动物和昆虫，但据学者推测，有的窃蛋龙类可能也吃植物。

窃蛋龙小档案

生存时间：距今8000万年前

发现地点：亚洲

体长：1.8米

慈爱的父母

　　窃蛋龙是最像鸟类的恐龙之一，它们生活在距今八千万年前的亚洲沙漠地带，它们可能成群地生活、捕食。和大多数恐龙不同，窃蛋龙细心照料自己的蛋，当幼崽孵化出来之后，成年窃蛋龙也会照料它们。有学者推测，窃蛋龙用它们有羽毛的翅膀盖住恐龙蛋。

窃蛋龙头骨

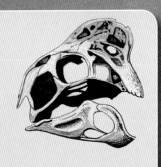

　　这种恐龙的头骨又小又轻，眼眶很大，颌部前端的喙嘴没有牙齿，头顶上长着高高的骨质脊冠。

一只窃蛋龙在照料自己的蛋，以确保蛋的安全。

巢穴和孵化

　　窃蛋龙一次在沙堆上产15至20只蛋，并坐在蛋上孵到宝宝们破壳而出为止。

似鸟龙类

这些恐龙看上去很像我们今天熟知的不飞鸟类，如鸵鸟。它们用长长的后肢直立奔跑，颌部没有牙齿。

恐手龙

人们只发现了这种恐龙的前肢化石，学者认为，尽管不知道恐手龙的体长，但它们的奔跑速度应该非常快。另外，恐手龙的爪子也很厉害。

似鸡龙

似鸡龙是最大的似鸟龙类，当它奔跑的时候，它那长长的尾巴笔直地伸向身后，这样有助于保持身体平衡。有学者认为，似鸡龙长着短而密的羽毛，能帮助它们保持温暖。

你知道吗？

恐手龙巨大的爪子长达25厘米。

似鸡龙小档案

生存时间：	距今7000万年前
发现地点：	亚洲
体长：	6米

恐手龙体型为似鸡龙的两倍。

杂食性

似鸟龙很可能既吃植物也吃小型动物。它们前肢上长长的指节和锋利的爪子很适合挖昆虫和植物来吃。

恐手龙小档案

生存时间：距今7000万年前

发现地点：亚洲

体长：未知

细长的后肢表明这种恐龙行动敏捷。

似鸟龙

和所有的似鸟龙类成员一样，这种恐龙可以快速奔跑捕捉猎物，以及逃离险境。

似鸟龙小档案

生存时间：距今7000万年前

发现地点：北美洲

体长：3.5米

驰龙类

所有这些恐龙都是非常凶猛的掠食者
它们强壮的前后肢上都长有锋利的大爪子
爪子可以用来抓住猎物。

犹他盗龙

犹他盗龙第二趾上的爪子长38厘米。
它用强壮的前肢抓住猎物后，就用脚上这些
致命的爪子来解决猎物。

犹他盗龙小档案

生存时间：距今1.25亿年前
发现地点：北美洲
体长：6.5米

驰龙

和其他驰龙类一样，驰龙的速度可达
60千米/小时。它长有许多锋利的牙齿，
后肢上有弯曲的大爪子。

驰龙小档案

生存时间：距今7000万年前
发现地点：北美洲
体长：1.8米

聪明的掠食者

驰龙类可能会群体捕食，齐心协力猎杀比自己大得多的猎物。

人们找到了伶盗龙袭击原角龙的化石。

伶盗龙

伶盗龙有锋利的、锯齿状的牙齿，后肢上长有镰刀一样的大爪子。不袭击猎物的时候，它可以把后肢上的大爪子收起来，这样爪尖就不容易被磨钝或磨坏。

伶盗龙小档案

生存时间：距今7000万年前

发现地点：亚洲

体长：1.8米

恐爪龙

恐爪龙是最有名的驰龙类恐龙之一，这种肉食性恐龙是凶猛的掠食者，后肢上长有致命的爪子。它们群体捕食，可以捕杀比自己大得多的猎物。

行动迅速的掠食者

恐爪龙用它长长的后肢奔跑，尾巴向后伸出以助身体平衡。前肢上有三指，每根指上都有弯曲的大爪子。

可怕的爪子

恐爪龙学名的含义为"可怕的爪子"，这得名于它后肢上第二趾弯曲的爪子——可达13厘米。这个大型的、镰刀状的爪子，是恐爪龙行动敏捷、捕食猎物的利器。

锯齿状的牙齿

恐爪龙的颌部长满锯齿状的牙齿，有些长达8厘米。

一群恐爪龙正在袭击一头大型植食性恐龙。

掠食者还是腐食者？

在恐爪龙生活的时代和地区，它无疑是顶级的掠食者之一。但除了猎食外，它们可能也吃腐食。

恐爪龙小档案

生存时间：距今1.1亿年前

发现地点：北美洲

体长：3米

"龙鸟"

　　这些小型肉食性恐龙看起来就像鸟儿一般，前肢长有羽毛，还有大大的喙嘴，后肢上长有爪子，它们甚至可以用后肢上的爪子来攀爬树木。

始祖鸟

　　始祖鸟有鸟一般的羽毛，但牙齿和骨质尾巴却像爬行动物。它甚至可以做短距离的飞行。

始祖鸟小档案

生存时间：	距今1.5亿年前
发现地点：	欧洲
体长：	60厘米

爬树

　　像鸟一样，带羽毛的恐龙可以在林木之间滑翔，或是觅食，或是逃避敌害。

原始祖鸟

这种恐龙前肢和尾巴上的羽毛使它看起来非常像鸟，但它很可能不会飞。

原始祖鸟小档案

生存时间：距今1.5亿年前

发现地点：亚洲

体长：1米

你知道吗？

斑比盗龙之所以得此名是因为它的个头很小。

斑比盗龙

这种小型恐龙只有鸡那般大，身披绒毛。它不会飞，但可以快速奔跑，追捕诸如小型爬行动物和哺乳动物之类的猎物。

斑比盗龙小档案

生存时间：距今7500万年前

发现地点：北美洲

体长：1米

巨型植食性恐龙

蜥脚类是植食性恐龙中最大的，学者认为这些巨型长脖子恐龙是有史以来陆地上最大的动物。

蜥脚类

蜥脚类学名的含义是"蜥蜴的脚"。最早的蜥脚类生活在距今2.2亿年前，并演化出许多不同的种类。

动物特征

蜥脚类用巨大结实的四肢行走，它们都着长长的脖子和尾巴，但脑袋却很小。

腕龙

强壮的四肢

蜥脚类需要有强壮的四肢来支撑它们笨重的身躯，它们身上最大的骨骼就是肢骨。

蜥脚类的食物

成年蜥脚类可以吃到树顶上的叶子，未成年的则吃低矮处的树叶。

一群梁龙和其他恐龙一起在河岸觅食。

囫囵吞枣

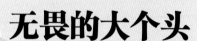

蜥脚类用牙齿从树枝上扯下树叶，它们不能充分咀嚼食物，只能把食物囫囵吞下。

无畏的大个头

大大的个头帮助蜥脚类避免敌害的攻击。它们虽然跑得不快，但可以用长尾巴猛击天敌。比如梁龙，这种大型恐龙可能会将尾巴像鞭子一样挥打。

化石遗址

在世界上大多数地方都发现了蜥脚类的化石，但至今仍未在南极洲找到它们的踪迹。

圆顶龙

63

原蜥脚类

这些恐龙出现在蜥脚类之前，灭绝于距今1.8亿年前。和蜥脚类一样，它们有着长尾巴和小脑袋。

板龙

这种恐龙大多数时候用四肢行走，但它也可以靠后肢站立起来吃树上部的叶子。

里澳哈龙

这是一种很大的蜥脚类，但它身体并不笨重，因为它部分骨骼中空，这可以减轻体重。

鼠龙

成年的鼠龙能有河马那么大，它们可能群居，一起觅食植物。

鼠龙小档案

生存时间：距今2.15亿年前
发现地点：南美洲

体长：3米

你知道吗？

别看鼠龙的个头很大，但它所产的蛋的直径却只有2.5厘米，这比鸡蛋还要小。

大椎龙

大椎龙是典型的原蜥脚类，其学名的含义是"巨大的脊椎"。它们有庞大的身躯，长长的脖子和尾巴，以及小小的脑袋。这种恐龙生活在早侏罗世，出现在巨型的蜥脚类之前。

牙齿像挂钩

这种恐龙长有挂钩般的牙齿，很适合从树枝上扯下树叶。

直立

这种大型植食性恐龙或许能够靠后肢站立一会儿，以便吃到树顶上的叶子。

胃石

诸如大椎龙这样的恐龙，都不能很好地嚼食，于是它们就吞下石头来帮助胃把食物磨碎成食糜。

吃针叶的动物

人们对于大椎龙是肉食性恐龙还是植食性恐龙曾存在过争议，但现在大部分学者认为这种恐龙是植食性的。大椎龙的主要食物是针叶树的针状叶，还有银杏的叶子和木贼等。

拇指爪

这种恐龙前肢上有四个锋利的指爪，拇指上的爪子特别长。

大椎龙抬高身体以吃到银杏树的叶子。

大椎龙小档案

生存时间：距今2亿年前

发现地点：非洲、北美洲

体长：5米

鲸龙类

这是最早的蜥脚类之一，鲸龙类所有的成员都长着笨重的身躯和结实的脊椎骨。而后来的一些蜥脚类长着部分中空的骨骼，这使得它们的体重有所减轻。

鲸龙

鲸龙是最早发现的蜥脚类，这使其声名远扬。鲸龙是长颈的四足恐龙，它的颈部差不多与身体一样长。1809年，人们在英格兰找到了它的巨型骨骼化石。

巨脚龙

和其他鲸龙类一样，巨脚龙有着长尾巴和长脖子，勺状的牙齿有锯齿形边缘，可以从树枝上扯下树叶。

巨脚龙小档案

生存时间：距今2亿年前

发现地点：亚洲

体长：18米

鲸龙用柱子一般的四肢行走。

鲸龙小档案

生存时间：距今1.75亿年前

发现地点：欧洲、非洲

体长：18米

你知道吗？

鲸龙学名的含义为"鲸蜥蜴"，之所以得此名是因为一开始人们以为这是海洋动物的化石。

蜀龙小档案

生存时间：距今1.7亿年前

发现地点：中国

体长：10米

蜀龙

这种鲸龙类尾巴末端上长着骨质尾锤，这可以作为它的武器来对付掠食者。

蜀龙是为数不多的有着尾锤的蜥脚类之一。

圆顶龙类

这种蜥脚类最早出现于晚侏罗世。和其他的巨型植食性恐龙不同，它们有向外的牙齿。

圆顶龙的牙齿宽于4厘米。

细枝嫩叶

圆顶龙能够吃下一些坚硬的植物，这得益于它们坚固的牙齿。

圆顶龙

这种恐龙强壮的颌部布满勺状大牙，牙齿的形状适合于咬食细枝嫩叶和树枝。

圆顶龙小档案

生存时间：距今1.5亿年前

发现地点：北美洲、欧洲

体长：18米

盘足龙小档案

生存时间：距今1.5亿年前

发现地点：亚洲

体长：15米

盘足龙

　　盘足龙是大型的植食性恐龙，身长大约15米，体重能达到20吨。许多蜥脚类只在嘴巴前端长有牙齿，盘足龙的牙齿却遍布整个嘴巴，和圆顶龙一样。

你知道吗？

　　盘足龙的脖子长5米，由19节颈椎组成，而长颈鹿只有7节颈椎。

圆顶龙头骨

　　头骨表明这种恐龙眼眶和鼻孔都很大，因此它的视觉和嗅觉可能都很好。

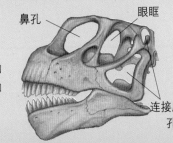

鼻孔　　　　　眼眶

连接肌肉的孔洞

腕龙

腕龙是曾经生活在陆地上的最大的动物之一，也是名气最大的恐龙之一。巨型腕龙的脖子长得令人惊叹，这意味着它不用怎么移动身子就可以靠伸长脖子吃到许多不同的植物。

嗅觉灵敏

腕龙头顶有个大大的鼻孔，这说明它的嗅觉可能很好。比如在看到动物或食物之前，腕龙就可以通过嗅觉发现。

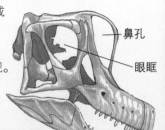

鼻孔

眼眶

腕龙从树上扯下树叶来吃。

小脑袋

相对身体来说，这种巨型动物的头部和脑容量都很小。另外，由于前肢比后肢长，因此它的身体前高后低。

群体生活

腕龙很可能群体生活，它们大部分时间都用来寻找食物和进食。腕龙是植食性恐龙，会吃大树的树叶和蕨类植物。

行动自如

腕龙靠后肢站立起来就可以吃到高树上的叶子，它有时候也用四肢支撑身体，靠横扫长脖子来觅食。

你知道吗？

腕龙等大型动物需要大量进食，一头腕龙每天要吃掉200千克植物。

腕龙小档案

生存时间：距今1.5亿年前

发现地点：非洲、欧洲、北美洲

体长：25米

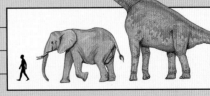

梁龙类 I

这个种类包括了世界上有史以来脖子最长的成员，这类恐龙数量众多，生活在晚侏罗世。

尾巴就像鞭子

梁龙的尾巴末端又长又细，就像鞭子一般。当掠食者来袭时，梁龙可以用尾巴鞭打对方。这一击足以重创敌人，吓跑掠食者。

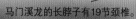

马门溪龙的长脖子有19节颈椎。

马门溪龙

这种生活在中国的恐龙是脖子最长的恐龙之一。其脖子长度超过身体的一半，长达14米，令人惊叹！

马门溪龙小档案

生存时间：距今1.6亿年前

发现地点：亚洲

体长：25米

地震龙

　　这是梁龙类最大的成员之一，目前只找到一副它的骨骼化石。地震龙还能把它的尾巴甩得很响。

地震龙小档案

生存时间：距今1.5亿年前

发现地点：北美洲

体长：40米

和庞大的身躯相比，梁龙的头显得很小。————

重龙

　　尽管身躯庞大，重龙还是可以靠后肢站立起来吃高树上的叶子。重龙可以在站立时用大尾巴支撑身体。

重龙小档案

生存时间：距今1.5亿年前

发现地点：北美洲、非洲

体长：27米

你知道吗?

　　梁龙体重可超过30吨，这比5头成年大象加起来还要重。

75

梁龙类 II

诸如梁龙这样的大型恐龙寿命可能超过100岁，它一生所吃掉的针叶、茎和嫩枝等植物可以吨计。

颈褶的用途

颈褶可能是用来吸引异性，或者吓退敌人的。

———— 超龙的脖子长达12米。

超龙

这种超级恐龙的身长几乎抵得上两个网球场的长度，体重达50吨。它们是群居的植食性恐龙。

超龙小档案

生存时间：	距今1.5亿年前
发现地点：	北美洲
体长：	42米

阿马加龙

这种恐龙背上有两排棘刺，棘刺上可能覆盖着皮肤。

阿马加龙小档案

生存时间：距今1.3亿年前

发现地点：南美洲

体长：10米

超龙的足部又大又宽，可支撑起庞大的身躯。

小脑袋

梁龙的体型是肉食性的异特龙的三倍多，但头却比异特龙小。

梁龙（10吨）

异特龙（3吨）

梁龙

这是梁龙类最大、最著名的成员之一。过去学者曾认为它的尾巴拖在地面，但足迹化石表明这种恐龙行走时会将尾巴抬起。

以蕨类为食

梁龙有着长颈，但有些学者认为，梁龙很可能无法高高抬起脑袋，因为它的心脏不能够保证血液供应至脑部。因此，梁龙只好以一些低矮植物，例如蕨类为食。

比想象中轻

虽然梁龙身体很长，但它的体重却"只有"10吨，这要比其他一些蜥脚类轻。相对体型来说，这种恐龙比较轻主要是因为其背椎是中空的。

附加的骨骼

梁龙每节脊椎骨的下面都有一块附加的骨骼。附加的骨骼强化了尾巴的硬度。

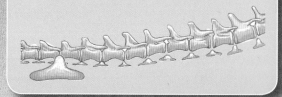

长脖子，小脑袋

这种巨型恐龙的脖子长达8米，但它的脑袋却很小，仅长50厘米。

牙齿

梁龙牙齿

梁龙嘴巴前端有50至60颗不太牢靠的牙齿，也没有专门用来咀嚼食物的牙。

梁龙小档案

生存时间：距今1.5亿年前

发现地点：北美洲

体长：27米

79

巨龙类 I

这个种类的恐龙最早出现在晚侏罗世，学名的含义为"巨型的蜥蜴"。

阿根廷龙小档案

生存时间：	距今9000万年前
发现地点：	南美洲
体长：30米	

阿拉摩龙

至今为止，阿拉摩龙是北美洲唯一发现的巨龙类。它一直存活到距今6500万年前的晚白垩世，并最终与所有恐龙一起灭绝了。

阿拉摩龙小档案

生存时间：	距今7000万年前
发现地点：	北美洲
体长：21米	

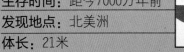

阿根廷龙

这种庞然大物的体重可达100吨，只有像南方巨兽龙那样最大型的肉食性恐龙才敢去袭击它。

身披甲胄

萨尔塔龙的背上镶嵌着一些直径10厘米左右的骨板，另外还有许多豌豆状大小的骨质结节。

萨尔塔龙

和其他蜥脚类一样，萨尔塔龙有着长长的脖子和尾巴。但不同的是，它还披着甲胄来抵御掠食者的侵袭。

萨尔塔龙小档案

生存时间：距今8000万年前

发现地点：南美洲

体长：12米

巨龙类 II

除澳大利亚和南极洲之外，世界上大多数地方都发现了巨龙类的化石。南美洲还找到了一些巨龙类的蛋化石。

据推测，这些巨龙的体重能接近80吨。不过这些恐龙有一个共同的特点：相对于身体，它们的脑袋都很小。

潮汐龙

和其他的巨龙类一样，潮汐龙颌部前端长着挂钩状的小牙，它就靠这种牙齿从树上剥下树叶来吃。

詹尼斯龙

迄今为止人们只找到了一副不完整的詹尼斯龙骨骼化石，一些学者认为它和圆顶龙同属一个种类。

你知道吗？

潮汐龙是最重的恐龙之一，它的体重可达50至80吨。

詹尼斯龙小档案

生存时间：距今1.55亿年前

发现地点：非洲

体长：24米

潮汐龙小档案

生存时间：距今9500万年前

发现地点：非洲

体长：25米

潮汐龙的故乡在哪里？

潮汐龙生活在非洲的水滨和沼泽，那里有茂盛的植物可供食用。

强有力的心脏

蜥脚类需要有一个强有力的心脏来泵血，以供应全身的血液循环。心脏还必须做额外的功把血液泵到头部。

气管

肠道

肺

心脏

胃

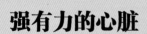

巨龙

1871年，学者在印度首次发现了这种恐龙的化石，那是一些腿骨。随后，更多骨骼被挖掘出来了，学者意识到这是一个新物种。

命名新种

巨龙得名于古希腊神话人物中的泰坦巨人，神话里泰坦巨人拥有无穷的力量和超自然的能力。

—— 一群巨龙到河边饮水。

巨龙小档案

生存时间：距今7000万年前	
发现地点：非洲、亚洲、欧洲、南美洲	
体长：20米	

群居

巨龙过着群居性的生活，一群幼年恐龙跟着成年恐龙一起生活，并共同迁徙。年幼的恐龙走在中间以便得到成年恐龙的保护。

胃石

在巨龙生活的时代，如木兰一类的显花植物开始出现在地球上。这些恐龙就靠吃这种植物的叶子为生，同时它们也吃别的植物。它们还会吞下石头以助消化胃里的食物。

巨兽之死

大型掠食者通常会袭击年幼或病弱的巨龙。

角、甲胄和骨板

蜥脚类并非唯一的植食性恐龙，其他植食性种类还包括甲龙、剑龙和角龙。它们都比蜥脚类要小，但身披"盔甲"。

剑龙、甲龙、肿头龙和角龙

所有这些恐龙身上都长有角或者是骨质结节，这可以帮助它们防御掠食者的袭击。

包头龙

带有棘刺的尾巴

剑龙尾巴末端有着锋利的、长长的尾刺。

剑龙

所有剑龙的背上都竖立着几排大骨板。有学者认为，骨板能帮助剑龙调节体温。冷的时候，骨板吸收太阳热量来帮它保暖；热的时候，骨板通过散发热量给它降温。

带"盔甲"的龙

这个大类包括结节龙类和甲龙类，它们都有着覆盖皮肤的骨板，身上还长有棘刺。

肿头龙和角龙

这些恐龙因它们的头部特征而得名，有些头上有锋利的尖角，有些则头骨特别厚实。

牛角龙

剑角龙

你知道吗?

甲龙是该种类中最大的恐龙之一，重达4吨。

大象腿一样的后肢

这些恐龙大部分成员的四肢都很粗壮结实，就像大象的腿一样。它们的四肢短且僵直，并且足够强壮来支撑它们的身体。

剑龙类 I

剑龙类最早出现于距今1.7亿年前，灭绝于距今9000万年前。非洲、亚洲、欧洲和北美洲都生活过许多不同种类的剑龙。剑龙也是知名度最高的恐龙之一。

肢龙

肢龙出现于剑龙类之前，但两者有亲缘关系。肢龙是植食性恐龙，主要吃树叶和水果。它的身体遍布骨钉，这对防御掠食者的袭击很有用。

锐龙

这种剑龙背上长有两排大骨板，骨板从背部一直延伸到尾巴末端上。

和其他的剑龙类一样，锐龙的脑袋很小。

肢龙小档案

生存时间：距今2亿年前

发现地点：欧洲

体长：4米

骨棘

小脑袋

所有剑龙类的脑袋都很小，只有肉食性的驰龙的脑袋那么大。嘴巴前端是坚硬的啄嘴，可以用来咬下植物。

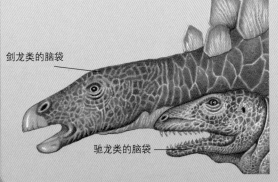

剑龙类的脑袋

驰龙类的脑袋

锐龙小档案

生存时间：距今1.55亿年前

发现地点：欧洲

体长：5米

钉状龙

这种恐龙全副武装：背上是两排骨板，每排各七块骨板，然后是两排骨棘，臀部上有尖锐的棘刺！

钉状龙小档案

生存时间：距今1.55亿年前

发现地点：非洲

体长：5米

剑龙类 Ⅱ

据学者推测，剑龙类背上的骨板可以用来吸引异性，或是保持体温。

勒苏维斯龙

除了骨板之外，这种剑龙肩膀两边还各突出一根大大的肩棘。

尾刺和肩棘

这些锋利的棘刺从身体突出，帮助剑龙防御掠食者的侵袭。

华阳龙

这是最早的剑龙类成员之一，它的嘴巴前端还长有牙齿，后来的剑龙则没有。

华阳龙小档案

生存时间：距今1.65亿年前

发现地点：亚洲

体长：4.5米

勒苏维斯龙小档案

生存时间：距今1.65亿年前

发现地点：欧洲

体长：5米

沱江龙小档案

生存时间：距今1.55亿年前

发现地点：亚洲

体长：7米

沱江龙

十五对尖尖的骨板排列在这种中国剑龙的背上。和其他剑龙类一样，它靠吃蕨类和苏铁类植物为生。

剑龙

剑龙是最大的剑龙类成员，人们找到了很多剑龙化石，因此这种恐龙也是剑龙家族中最为人们所了解的成员。

你知道吗?

当剑龙兴奋或害怕时，覆盖背上骨板的皮肤可能会因充血而变得通红。

"有顶板的蜥蜴"

当这种恐龙的化石第一次被发现时，学者认为其骨板扁平地覆盖在背上，就像海龟的壳一样，后来人们才认识到这种恐龙的骨板是竖立着的，因此这种恐龙得名剑龙，学名的含义为"有顶板的蜥蜴"。

有一些学者认为，剑龙的屁股能够提供一个较大的空间，容纳它的"第二大脑"，也就是说，剑龙还有一个脑袋长在屁股里！

用尾巴刺伤敌人

剑龙是一种行动迟缓的植食性恐龙，它们可能以小群体群居。如果遭到掠食者袭击，剑龙无法快速逃走，它们就用带刺的尾巴对敌人进行自卫还击。

剑龙骨架图

学者仍不确定剑龙的骨板是如何排列的，它们或许排成一排，或成对排列，或者重叠错列成一排。

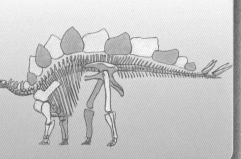

两头雄性剑龙在为争夺配偶而战，它们把身体转向一边以展示自己强壮的体型。

剑龙小档案

生存时间：距今1.4亿年前

发现地点：北美洲

体长：9米

结节龙

　　结节龙是最早的甲龙类，它背上有着镶嵌入皮肤的骨质结节，这可以形成一层坚硬的保护层来抵御肉食性动物的袭击。

敏迷龙

　　敏迷龙是南半球最早发现的甲龙类。

与众不同的是，敏迷龙的腹侧也有骨板保护。

加斯顿龙

　　乍一看，这种恐龙太吓人了！除了背上的骨棘之外，身体两侧还竖立着锋利的大棘刺。

加斯顿龙小档案

生存时间：距今1.25亿年前

发现地点：北美洲

体长：2.5米

棘刺长达30厘米。

敏迷龙小档案

生存时间：距今1.15亿年前

发现地点：澳大利亚

体长：3米

甲龙的甲胄

甲龙的皮肤上覆盖着许多小骨片，骨片有扁平的，还有尖的，骨片之间则是豌豆大的小骨结节。

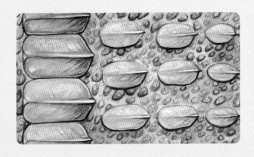

埃德蒙顿甲龙小档案

生存时间：距今7000万年前

发现地点：北美洲

体长：7米

埃德蒙顿甲龙

这种恐龙从肩膀和身体两侧长出巨型的棘刺，棘刺指向末端，可以防御掠食者的袭击。

甲龙类

这些甲龙类有一种特殊的武器，它们的尾巴末端长有棒状的骨质尾锤，可以用来横扫进犯的掠食者。

甲龙类恐龙体型很大，巨型尾锤挥动起来，能对掠食者的肉体和骨头造成严重伤害。

包头龙小档案

生存时间：距今7000万年前

发现地点：北美洲

体长：7米

你知道吗？

只用棒状尾锤一击，甲龙就可以打残暴龙的腿。

篮尾龙

粗大的骨质棘刺覆盖着这种甲龙的背部和尾巴。和别的甲龙一样，它的尾巴末端有个沉重的尾锤。

篮尾龙小档案

生存时间：距今8500万年前

发现地点：亚洲

体长：5米

包头龙

这种恐龙看上去就像一副能活动的盔甲，它们生活在森林里，可能喜欢群居。

包头龙连眼睑都武装着盔甲！

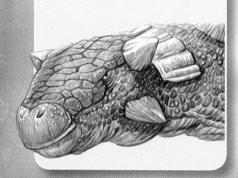

装甲的脑袋

甲龙的脑袋很宽，覆盖着骨板，大大的喙嘴可以咬下满嘴的植物。

绘龙

这种恐龙生活在中国和蒙古炎热干旱的地区，其脑袋只有一部分覆盖着骨板。

绘龙小档案

生存时间：距今8000万年前

发现地点：亚洲

体长：5米

甲龙

这种恐龙是最大的甲龙类成员之一，它的身躯又大又圆，宽是高的两倍，活像水桶一样，腿则粗短而结实。当遇到掠食者时，甲龙会趴在地上，保护柔软的腹部。

身披盔甲

甲龙的身体上方覆盖着厚厚的骨板，几排锋利的大骨板沿着背部分布，脑袋后面还有角。只有腹部是柔软的，没有任何保护。

甲龙的头骨

这种恐龙的颌部前端是宽大的喙嘴，喙嘴里没有牙齿，颌部后端是许多小牙齿，恐龙就是用这些牙齿来嚼食的。

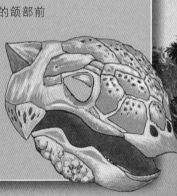

甲龙小档案

生存时间：	距今7000万年前
发现地点：	北美洲
体长：	10米

警告信号

如果遭到袭击，甲龙就会用它的尾棒进行还击。当它生气时，皮肤还会由于充血而变得通红，这是一种警告信号。

吃低矮的植物

由于腿很短，甲龙无法够得着高树上的枝叶，因此它靠宽大的喙嘴吃低矮植物为生。

———— 一只暴龙被甲龙的尾棒击伤。

甲龙的尾棒

甲龙尾巴末端上沉重的尾棒由两块球状骨组成。

角龙类 I

　　角龙学名的意思是"有角的面孔"。所有的角龙类在嘴巴前端都有鹦鹉嘴一般的喙嘴。角龙类有的如大象一般大，有的却只有火鸡那么小。

纤角龙脖子上有小小的颈盾。

纤角龙

　　这种小型恐龙身材纤细，行动迅速。

原角龙

　　原角龙头部后方有大型的头盾，没有角。原角龙是群居恐龙。在蒙古的戈壁滩上人们发现了这种恐龙的蛋化石，蛋长约20厘米，它们成环形排列在一个凹陷的小沙堆里。

原角龙小档案

| 生存时间：距今8000万年前 |
| 发现地点：亚洲 |
| 体长：2.5米 |

纤角龙小档案

生存时间：距今7000万年前

发现地点：澳大利亚、北美洲

体长：2米

恐龙的喙嘴

鹦鹉嘴龙的喙嘴看上去就像鹦鹉的嘴一样，喙嘴还被一层叫角质层的坚硬物质覆盖着。

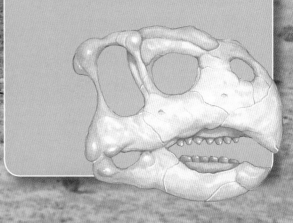

你知道吗?

鹦鹉嘴龙学名的含义为"鹦鹉嘴的蜥蜴"，这得名于它的喙嘴。

鹦鹉嘴龙

这种恐龙用后肢直立行走。在用锋利的喙嘴咬断植物之后，它可能会用前肢抓住食物。

鹦鹉嘴龙小档案

生存时间：距今1.3亿年前

发现地点：亚洲

体长：2.5米

角龙类 II

这类恐龙某些成员的脖子上有很大的骨质颈盾，颈盾上的皮肤可能色彩艳丽，它们以此来吸引异性。

厚鼻龙

除了颈脖上的颈盾外，厚鼻龙在鼻子上还长有一块骨质结节。我们不知道它是否长有角，因为迄今为止并没有找到这种恐龙完整的头骨化石。

厚鼻龙小档案

生存时间：	距今7000万年前
发现地点：	北美洲
体长：	6米

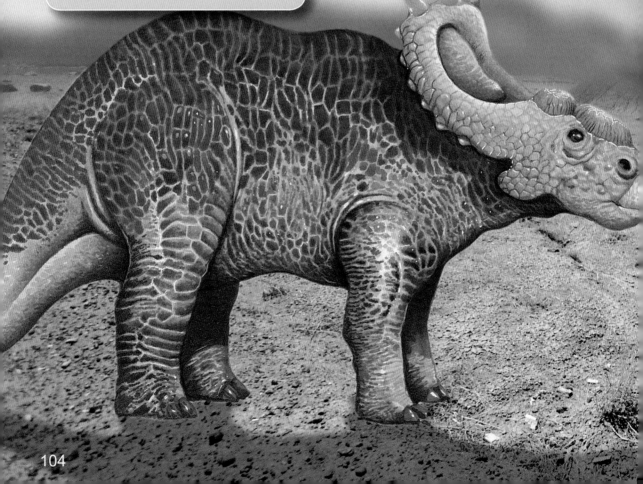

牛角龙

这种角龙令人惊奇不已，它长达2.5米的头骨是所有陆地动物中最大的。

牛角龙小档案

生存时间：距今7000万年前

发现地点：北美洲

体长：7.5米

皮肤覆盖的孔洞

角龙类的颈盾上有大的孔洞，不然沉重的颈盾对恐龙行走会造成巨大的负担。

厚鼻龙的头骨

戟龙的头骨

三角龙

三角龙是最著名的角龙类，它的头顶上有三只锋利的角，学名的含义就是"三只角的脸"。

强壮的身体

三角龙长着敦实的身体，身长能达到9米，高度能达到3米。三角龙有着短尾巴和结实的腿，体重约10吨。

三角龙是如此强壮，足以击退暴龙这类敢来进犯的凶猛掠食者。

三角龙的头骨

这种恐龙脖子上的颈盾由密质骨构成，而头顶上耸立的角有1米高，鼻角则要小很多。

颈盾

角
眼眶
鼻角
鼻孔

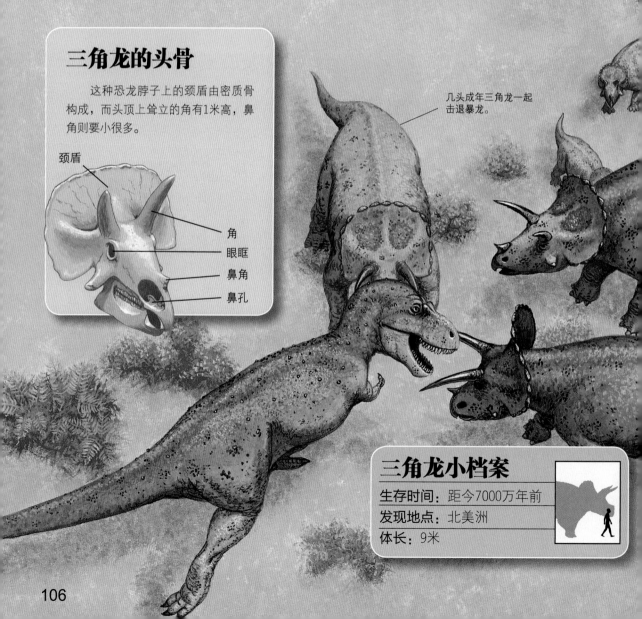

几头成年三角龙一起击退暴龙。

三角龙小档案

生存时间：	距今7000万年前
发现地点：	北美洲
体长：	9米

保护弱者

三角龙是群居动物，年幼的小恐龙往往被置于群体中间，这样可以得到保护，免遭掠食者的毒手。

植食性动物

三角龙的模样很凶猛，但和其他角龙类一样，它是一种植食性恐龙，用锋利的喙嘴咬下满嘴植物。

激烈搏斗

三角龙会为了争夺配偶或首领权而展开斗争，它们用头部撞击，双方的角会缠斗在一起。

肿头龙类

这些动物之所以被称为肿头龙，是因为它们头上有厚厚的骨质骨板。

天生的奔跑好手

据推测，肿头龙类跑得很快。它们用后肢直立行走，也靠长长的后肢奔跑。

——————— 冥河龙头顶上有许多结节。

冥河龙

这是为数不多在头顶上长有棘刺的肿头龙类，这些棘刺长15厘米，学者认为可能只有雄性冥河龙头上才长有棘刺。

冥河龙小档案

生存时间：距今7000万年前

发现地点：北美洲

体长：3米

倾头龙

这种恐龙可能长着一个大大的脑袋，但脑容量却很小。颅骨四周环绕着一圈小棘刺和骨质结节。

倾头龙小档案

生存时间：距今7000万年前

发现地点：亚洲

体长：2.5米

胃石

肿头龙类很可能吞下石头来帮助消化胃里的食物。

肿头龙

肿头龙属于最大的肿头龙类，其颅骨厚达25厘米，这令人惊奇不已！

肿头龙小档案

生存时间：距今7000万年前

发现地点：北美洲

体长：4.6米

剑角龙

剑角龙学名的意思是"有角的头顶"。剑角龙是植食性恐龙，身长约2米。在争夺配偶或首领权时，这些恐龙会用脑袋互相撞击，给对方猛击。搏斗中它们也会用脑袋顶撞对手的体侧。

长腿和长尾

剑角龙用长长的后肢直立行走，同时将长尾巴笔直地向后伸展。前肢有五指，足上也有五趾。

有学者认为，剑角龙在互相撞击时，头颈可与身体呈平行状态，以承受头颅撞击的力量。

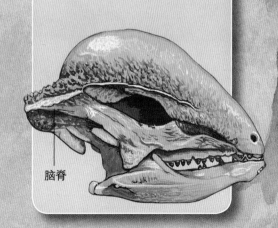

两头剑角龙为首领权而战。

剑角龙头骨

保护大脑的颅骨最厚达6厘米，后脑勺上还有布满小结节的脊状突起。

脑脊

剑角龙小档案

生存时间：	距今7000万年前
发现地点：	北美洲
体长：	2米

头盖骨

未成年的剑角龙头骨相当扁平，随着年龄增长，其颅骨顶部越来越向上突起。

锋利的牙齿

剑角龙是植食性恐龙。它有许多锋利的小牙，用来啃咬坚硬的植物。它也可能吃昆虫或其他的小动物。

用前肢往嘴里喂食

剑角龙可能会用它强有力的前肢和指节来抓住植物或者挖掘植物，然后再用前肢往嘴里送吃的。

鸭嘴龙类和其他恐龙

　　侏罗纪和白垩纪开始出现许多新种类的植食性恐龙，如禽龙类和鸭嘴龙类。这些新种类的植食性恐龙都长有骨质喙用来咬食植物，并用强壮的牙齿咀嚼食物。

鸟脚类

这些恐龙之所以叫鸟脚龙，是因为它们像鸟一样用脚趾直立行走。全球各地遍布着各种各样的鸟脚类恐龙。

"多种牙齿"的恐龙

这些恐龙属于异齿龙类，它们有三种形状的牙齿，分别用于切割、咀嚼和刺戳。异齿龙是肉食性恐龙。它们用侧边的四肢和大型尾巴来支撑身体。

帕克氏龙

你知道吗?

许多鸟脚类恐龙都是成群生活，一个群体有几千个成员。

不同体型

最小的鸟脚类仅长2米；最大的长达10米至20米。

禽龙长10米

棱齿龙长2.4米

有"高脊的牙齿"的恐龙

这些恐龙属于棱齿龙类，帕克氏龙就是棱齿龙类的一种。

有鸭嘴的恐龙

因为嘴巴很像鸭子的喙嘴，这些恐龙因此得名。它们的学名"鸭嘴龙"的含义就是"有鸭嘴的蜥蜴"。埃德蒙顿龙和副栉龙都属鸭嘴龙类。

埃德蒙顿龙

副栉龙

喙嘴

鸟脚类的嘴巴前端都长着骨质喙，上面覆盖一种叫角质层的坚硬物质，这样的喙嘴很适合咬食植物。

埃德蒙顿龙

棱齿龙

禽龙类

禽龙是最著名的禽龙类成员，这种恐龙学名的含义为"鬣鳞蜥的牙齿"，它们得此名是因为学者觉得它们的牙齿跟鬣鳞蜥的一样。

异齿龙类

这些恐龙属于最早的鸟脚类，出现于距今2.2亿年前，是一种用后肢直立行走的小型肉食性恐龙。

异齿龙与哺乳类的关系较为接近，但人们仍认为它们是恐龙。

三种牙齿

嘴前端、喙后面是用于咬食的锋利小牙，然后是两对犬齿，最后面是更宽的牙齿，用于咀嚼食物。

强壮的尾巴抬离地面，笔直向后。

异齿龙

和大多数异齿龙类的成员一样，这种恐龙前肢很短，后肢细长，行动迅速。据推测应该只有雄性异齿龙才长有犬齿。

异齿龙小档案

生存时间：距今2.05亿年前
发现地点：南非
体长：1.2米

醒龙

这只恐龙没有长长的犬齿，这或许是一只雌性异齿龙类，而不是一个单独的品种。

醒龙小档案

生存时间：距今2.05亿年前

发现的地点：南非

体长：1.2米

皮萨诺龙

皮萨诺龙是最早的异齿龙类之一，也是最早的恐龙之一。迄今人们只找到它的部分骨骼化石，完整的骨骼化石还没有找到。

有颊囊的恐龙

当异齿龙咀嚼的时候，食物会停留在肉质的颊囊里，然后再用舌头把食物推进颌部。

皮萨诺龙小档案

生存时间：距今2.2亿年前

发现地点：南美洲

体长：90厘米

117

莱索托龙

莱索托龙属于一类叫法布龙类的小恐龙，它是植食性的，除了用于咀嚼的大牙外，还有向前突出的锋利小牙。

夏眠

人们在一个洞穴里发现了两只蜷缩在一起的莱索托龙骨骼化石，学者认为它们是在洞里夏眠避暑。

个头小但身手敏捷

这种恐龙有着长长的后肢，奔跑速度可能很快。前肢很短，前肢上有五根指头，可用来挖掘和抓取食物。

吃低矮植物

莱索托龙够不着高处的植物，因此它们只好吃那些低矮的植物。这种恐龙或许还会用前肢挖植物的根来吃。

一群莱索托龙停下来进食。

莱索托龙骨骼

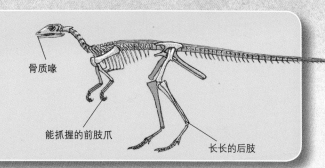

骨质喙

能抓握的前肢爪

长长的后肢

这种恐龙的躯体和后肢看上去就像肉食性恐龙一样。但它的脑袋、骨质喙和颊齿却都表明这是一种植食性动物。

狗一样大小的恐龙

学者推测莱索托龙为群居性动物，它们会穿越炎热干旱的非洲平原去寻找食物。成年莱索托龙的体型跟狗差不多大。

莱索托龙是以它的发现地命名的。这种恐龙的化石发现于非洲南部的莱索托王国。

莱索托龙小档案

生存时间：距今2亿年前

发现地点：南非

体长：1米

棱齿龙类 Ⅰ

棱齿龙是小型的植食性恐龙。这些恐龙的习性就跟现生的羚羊和鹿一样，它们群居，以吃低矮植物为生。

棱齿龙

棱齿龙的牙齿有许多脊，还用颊囊来存放部分需要咀嚼的食物。

天生的奔跑好手

棱齿龙行动敏捷，可在短时间内加速至40千米/小时。棱齿龙体长有2.4米，但高度只能达到成年人的腰部。

你知道吗？

最大的棱齿龙类体长可达4米。

木贼

棱齿龙以木贼为食，这种植物最早出现在4亿年前，至今仍然生长在地球上。

棱齿龙小档案

生存时间：距今1.2亿年前

发现地点：欧洲、北美洲

体长：2.4米

闪电兽龙小档案

生存时间：距今1.3亿年前

发现地点：澳大利亚

体长：2米

闪电兽龙

这种恐龙生活在地球的最南端，据推测，它们在冬天会往北迁徙以避过严酷的寒冬。

奇异龙

这是最后的棱齿龙类之一，它们恰好生活在恐龙时代的末期。

奇异龙小档案

生存时间：距今7000万年前

发现地点：北美洲

体长：4米

棱齿龙类 Ⅱ

这类恐龙因形状奇特的牙齿而得名，它们的牙齿上有脊，这能帮助它们咀嚼时磨碎食物。现生的牛也是这样咀嚼食物的。

橡树龙

和其他的棱齿龙类一样，橡树龙也可能过着群居生活，它们会长途跋涉到远方去寻找食物。

橡树龙有着长颈、修长的后肢和长长的尾巴。橡树龙的前肢很短，但每条前肢上都有五根指爪。

灵龙

学者仍不确定这种恐龙属棱齿龙类还是属于其他类。

灵龙小档案

生存时间：	距今1.65亿年前
发现地点：	亚洲
体长：	1米

植食性

一只棱齿龙在用嘴巴前端的喙嘴咬食叶子。

橡树龙小档案

生存时间： 距今1.5亿年前

发现地点： 非洲、北美洲

体长： 4米

橡树龙前肢有五根指爪。

你知道吗？

学者曾经认为棱齿龙会爬树，现在已经证实这些恐龙其实生活在地面上。

帕克氏龙

这是最后的棱齿龙类之一，它的尾巴僵直而有力，奔跑时将尾巴向后伸出以保持身体平衡。

帕克氏龙小档案

生存时间： 距今6500万年前

发现地点： 北美洲

体长： 2.4米

夜视

雷利诺龙的大眼睛使其在晚上也可以看得很清楚，这个特性在黑暗漫长的冬季里可是很有用的。

雷利诺龙

这种恐龙生活在现今的澳大利亚。当时的澳洲大陆要比今天更往南一些，和南极洲靠在一起。当地到了冬季会暗无天日，并且严寒刺骨。

冬眠

雷利诺龙可能是一种会冬眠的恐龙。它在冬眠时，身体的新陈代谢速度会减慢，以便节省能量；当温暖的春天到来时它又苏醒过来。

雷利诺龙可能是群居性动物。

这种恐龙是温血动物？

大部分恐龙都是冷血动物，因此需要时常晒太阳以保持体温。但雷利诺龙可能是温血动物，因此它们在寒冷的环境里也能够生存。

天生的奔跑好手

雷利诺龙的体型只相当于一只大型火鸡那么大，但它的后肢很长，因此可以快速奔跑。它什么植物都吃，也会啃食植物的根。

雷利诺龙小档案

生存时间：距今1.05亿年前

发现地点：澳大利亚

体长：1米

禽龙类 I

这些恐龙的生活习性和现生的牛或鹿相近，它们大群大群地生活在一起，每天多数时间都在进食，一天要吃掉很多植物。

弯龙小档案

生存时间：距今1.5亿年前

发现地点：欧洲、北美洲

体长：6米

弯龙

和其他禽龙类成员一样，这种恐龙在它们锋利的喙嘴后面长有坚固的牙齿，它们甚至可以吃下针叶树上坚硬的叶子。

针叶林

针叶树出现在显花植物之前，它们的针状叶子是恐龙重要的食物来源。

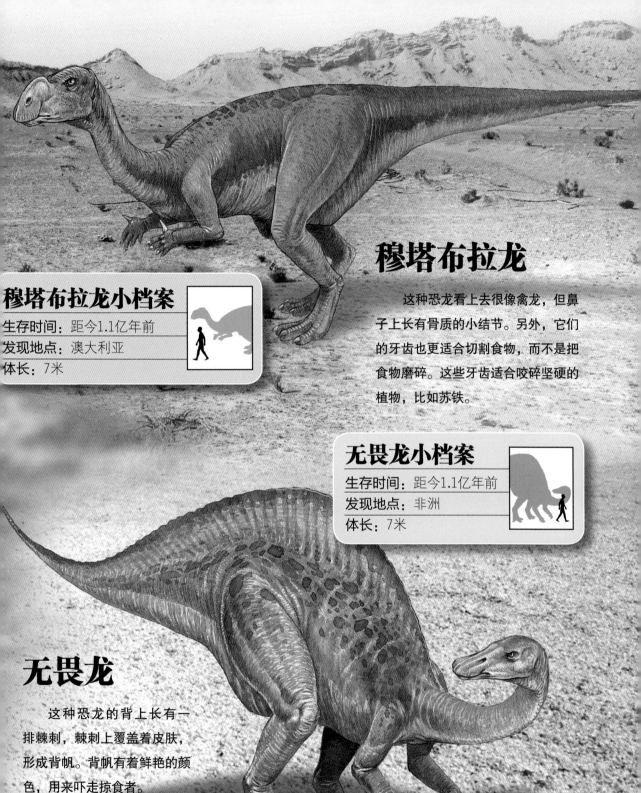

穆塔布拉龙

这种恐龙看上去很像禽龙，但鼻子上长有骨质的小结节。另外，它们的牙齿也更适合切割食物，而不是把食物磨碎。这些牙齿适合咬碎坚硬的植物，比如苏铁。

穆塔布拉龙小档案

生存时间：距今1.1亿年前
发现地点：澳大利亚
体长：7米

无畏龙小档案

生存时间：距今1.1亿年前
发现地点：非洲
体长：7米

无畏龙

这种恐龙的背上长有一排棘刺，棘刺上覆盖着皮肤，形成背帆。背帆有着鲜艳的颜色，用来吓走掠食者。

禽龙类 II

后来出现的禽龙类和最早期的禽龙类有着许多不同之处。例如，它们的脊背更强壮，牙齿的数量更多，足上是三趾而不是四趾等等。

腱龙

这种大型植食性恐龙看起来很像禽龙。人们在同一地点同时发现了肉食性恐龙恐爪龙的牙齿和腱龙的骨骼化石，因此这只腱龙可能是掠食者的牺牲品。

原巴克龙

原巴克龙的头部狭长，嘴里长有很多宽宽的牙齿，适合咀嚼食物。如果牙齿坏掉或者脱落，还会在原处长出新牙。

你知道吗？

禽龙类可以靠后肢站立，以便吃到高处的食物。

腱龙小档案

生存时间：	距今1.15亿年前
发现地点：	北美洲
体长：	7米

原巴克龙小档案

生存时间：距今1亿年前

发现地点：亚洲

体长：6米

尾巴僵直，很少摆动。

僵直的背部和尾巴

禽龙类的背部和尾巴都十分僵直，这是由于其背部和尾巴有许多骨化的肌腱，把脊椎骨联结在一起。

禽龙

这是第二种被命名的恐龙。学名的含义为"鬣鳞蜥的牙齿"，因为它的牙齿看上去就像鬣鳞蜥的一样。

禽龙是大型植食性恐龙，体长能达到10米。1878年，人们曾在比利时的一个煤矿里发现了大量的禽龙化石。

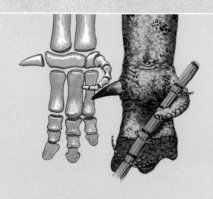

钉状的拇指爪

禽龙有四根爪指和一根带有大爪的大拇指，小指则可以内弯来抓住枝叶。

"马头"

禽龙的个头很大，长着僵直的长尾巴。而它的脑袋很长，就像马儿一样。其颌部还长满了锋利的牙齿。

两足或四足

这种恐龙既可两肢直立行走，也可以四肢着地行走，奔跑的速度可达20千米/小时。

把食物研磨成果肉酱

利用嘴巴前端强壮的喙嘴，禽龙可以扯下树叶来吃。它会细细咀嚼食物，直到植物变成糊状物才咽下肚去。

拇指爪的用途

禽龙可以用它匕首一样的拇指爪作为武器来防御掠食者的侵袭。

禽龙小档案

生存时间：距今1.3亿年前	
发现地点：亚洲、欧洲、北美洲	
体长：10米	

鸭嘴龙类 I

这些恐龙得此名是因为它们的嘴巴很像鸭子的喙嘴。它们是最末期的恐龙之一，一直存活到恐龙时代的末期。

鸭嘴龙的牙齿显示它们是吃树枝和树叶的，因此它们是植食性恐龙。

栉龙

这种鸭嘴龙类的头上长有骨质的长脊冠。脊冠上覆盖着皮膜，形成一个袋状结构，这使其叫声更嘹亮。也有学者认为，栉龙的脊冠可以帮助调节体温。栉龙是植食性恐龙，可用后肢或四肢行走。

鸭嘴龙

1857年，人们在美国找到了这种恐龙的骨骼，这是人们找到的第一副最接近完整的恐龙骨架化石。

鸭嘴龙小档案

生存时间：	距今7500万年前
发现地点：	北美洲
体长：	9米

栉龙小档案

生存时间：距今7000万年前

发现地点：亚洲、北美洲

体长：12米

宽宽的鸭嘴

只需看一眼就明白为什么这类恐龙被叫做鸭嘴龙。它们嘴巴前端的喙嘴又宽又扁平，喙嘴上还覆盖着一层叫角质层的坚硬物质。

赖氏龙

脊冠可使恐龙的叫声传得更远。

无论雌性或雄性的赖氏龙头顶上都长有骨质的脊冠。雄性在脊冠后还长有坚硬的骨质棘突。

赖氏龙小档案

生存时间：距今7000万年前

发现地点：北美洲

体长：9米

鸭嘴龙类 II

这些恐龙大部分时间都用四肢行走，以植物为食。但有掠食者来侵袭时，它们也可以靠强壮的后肢站立起来，奔跑逃命。

青岛龙小档案

生存时间：距今7000万年前

发现地点：亚洲

体长：10米

青岛龙

这种生活在中国的大型鸭嘴龙类长有棘刺状的脊冠，脊冠长达1米。

青岛龙的口鼻和现在的鸭子类似，并且有着厉害的牙齿，可以用来咀嚼各种植物。当遇到肉食性恐龙的进攻时，青岛龙可以用后肢飞快地逃跑。

副栌龙小档案

生存时间：距今7500万年前

发现地点：北美洲

体长：10米

副栌龙

这是最大的鸭嘴龙类之一，和别的鸭嘴龙类一样，它既吃坚硬的枝叶和松树针叶，也吃柔软的叶子。

响亮的叫声

中空的脊冠连着鼻腔。

中空脊冠就相当于一个回响室，可以让恐龙的叫声更嘹亮，传得更远。

你知道吗？

鸭嘴龙类的嘴巴里紧密排列着1600颗牙齿。

盔龙

这种恐龙生活在森林边缘的沼泽地上，它们可以蹚水，甚至游泳。

盔龙小档案

生存时间：距今8000万年前

发现地点：北美洲

体长：9米

慈母龙

人们发现了这种恐龙的蛋化石和巢穴，因此学者对于它的巢居习性研究得比较清楚。这种恐龙学名的含义就是"慈母爬行动物"。

慈母龙有着典型鸭嘴龙类的平坦喙状嘴。两眼之间有小小的头冠，学者认为，头冠是用来求偶的。

群居

这些大型植食性恐龙大规模群居在一起，数量可达1万头。它们的巢穴可能也是聚集在一起的。

慈母

为了保护自己的蛋不遭掠食者窃取，雌性慈母龙会守在巢穴旁边。待小恐龙孵化出来之后，母亲找食物回来喂食它们，直到小恐龙长大到足以离开巢穴独自生活。

慈母龙的巢穴

慈母龙是群居性恐龙，它们在巢穴中孵化幼龙。慈母龙的巢穴是空地上的一块凹陷，直径约2米。巢穴之间的间隔大约有7米。雌性慈母龙一次产下约25只蛋，按照圆形或者螺旋状排列。每只蛋都有柚子那么大。

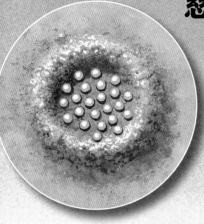

在巢穴边上守候

慈母龙体型太大，无法坐到蛋的上面孵化宝宝。因此它用植物把蛋掩盖起来进行孵化。小恐龙出世时的体长只有30厘米。

一只慈母龙在照料自己巢穴里的蛋。

群体迁徙

慈母龙族群必须不断迁徙。每头慈母龙每天要吃掉90千克的植物。

慈母龙小档案

生存时间：	距今8000万年前
发现地点：	北美洲
体长：	9米

远古天空中的龙

当恐龙称霸陆地的时候，一些爬行动物开始飞向蓝天，这些会飞的爬行动物就叫做翼龙。它们是最早飞上天际的脊椎动物。在约2.25亿年前，恐龙与翼龙相继出现。

会飞的爬行动物

翼龙学名的含义是"有翼的蜥蜴"。翼龙分为很多种，它们的体型有着非常大的差距，一些翼龙和现生的山雀一般大，而最大的翼龙和一架小型飞机的尺寸相当。迄今为止，最大的飞行生物也出现在翼龙当中。

翼膜

翼龙的翅膀由翼膜和加强的细长肌肉纤维所组成，翼膜沿着翼龙身体两侧分布。翼膜的构造相当复杂，适合翼龙主动飞行。

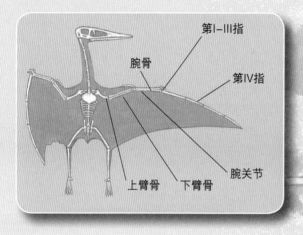

第I–III指
腕骨
第IV指
腕关节
上臂骨　下臂骨

惊恐翼龙

长长的手指

翅膀由手臂、手掌和翼指骨构成，翅膀的末端由加长的第IV指构成。

不同的食物

　　翼龙有着相同的觅食手段。有些会从水面掠过，用狭长的角质喙插入水中捕鱼。另外一些会在空中或陆地上捕食昆虫。

翱翔或冲杀?

　　一些翼龙可以长距离地滑翔，就像今天的海鸟。其他一些有着短小翅膀的,则可以方便它们迅速盘旋来捕杀猎物。

蛙颌翼龙

魔鬼翼龙

翼龙嘴里长有密密麻麻的锋利牙齿。

你知道吗?

　　风神翼龙的翅膀展开后比战斗机的翼长还要长!

支撑翅膀的肌肉

　　翼龙必须要有强壮的肌肉来支撑它的翅膀上下挥动。

向上扑翅
升肌带动翅膀上扬

向下扑翅
降肌拉动翅膀下拍

三叠纪的翼龙

这一时期出现了两种不同类型的翼龙。最早出现的是喙嘴龙类，翼手龙类随后出现。这一页出现的所有翼龙都是喙嘴龙类，它们有着长长的尾巴和短短的脖颈。

翼龙来自何方？

翼龙可能与会滑翔的蜥蜴有着亲缘关系，比如生活在亚洲的沙罗夫翼蜥(上图)。

蓓天翼龙

这是最早出现的翼龙之一，体型如鸽子般大小。它很可能以蜻蜓一类的昆虫为食。

蓓天翼龙小档案

生存时间： 距今2.2亿年前

发现地点： 欧洲

翼展： 60厘米

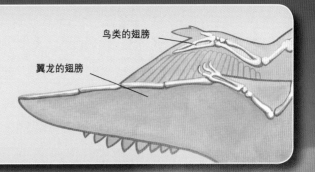

翼龙和鸟类

　　翼龙的翅膀以翼膜构成，并由翼指骨支撑。鸟类的翅膀则是由臂骨支撑，上面覆盖着羽毛。

鸟类的翅膀

翼龙的翅膀

沛温翼龙长尾巴的末端有可动的尾膜。

沛温翼龙

　　这类翼龙与乌鸦尺寸相当，有着长而窄的颌，里面布满了锐利的牙齿，它很可能以鱼和昆虫为食。

沛温翼龙小档案

生存时间：	距今2.2亿年前
发现地点：	欧洲
翼展：	45厘米

你知道吗?

　　翼龙自由飞翔于天空的时间比鸟儿还要早7500万年，它们来源于不同的祖先。

真双型齿翼龙

像所有早期翼龙一样，真双型齿翼龙属于喙嘴龙类。真双型齿翼龙长有两种类型的牙齿——颌的前端长有锐利的犬齿，后端的牙齿都较小，但也不失尖锐。

潜水捕鱼

学者根据真双型齿翼龙的牙齿模样和在它胃里发现的鱼类的化石，推测真双型齿翼龙会扎入水中来猎食鱼类。它用尖喙夹住猎物，然后回到水面。

鱼肉晚餐

这种翼龙也可能飞得很低，掠过水面来搜寻猎物，然后俯冲下来并捕获它们。它锋利的牙齿能够迅速咬住光滑的鱼身。

杰出的飞行者

真双型齿翼龙可是一个有着长长翅膀的飞行家。在飞行的间歇，它会用翅膀上那强有力的爪子攀挂在悬崖峭壁上或树上。

真双型齿翼龙从喙到尾巴末端约长70厘米。

真双型齿翼龙小档案

生存时间：距今2.2亿年前

发现地点：欧洲

翼展：1米

真双型齿翼龙的头骨

头骨的空腔大幅减轻了真双型齿翼龙的重量，这一构造对飞行生物来说非常重要。它的上颌有58枚牙齿，下颌有56枚。

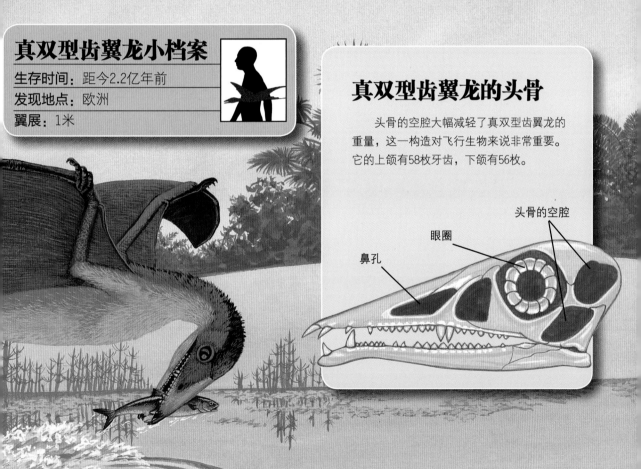

头骨的空腔

眼圈

鼻孔

欧洲的侏罗纪翼龙

在侏罗纪时期，翼龙开始变得更大，形态也发生了变化。它们变得更像晚期的翼手龙类了。

翼龙的头部

上面的喙嘴龙类的头很短，颈部粗短，牙齿密布。下面的翼手龙类有着长长的脖子和嘴，牙齿很少或完全消失。

喙嘴龙

翼手龙

矛颌翼龙

这种翼龙有惊人的牙齿。当它闭上嘴时，两排牙齿能相互契合，变成一个尖利的牢笼，将鱼儿紧紧地关在嘴巴里。

矛颌翼龙小档案

生存时间：	距今1.9亿年前
发现地点：	欧洲
翼展：	1米

这种翼龙的学名意为"矛之颌"。

艇颌翼龙是迄今为止找到的最古老的翼龙之一。

艇颌翼龙

艇颌翼龙有着短短的头部和钝圆的喙部。口中的牙齿长而尖锐，上颌有18枚牙齿，下颌有10枚。

艇颌翼龙小档案

生存时间：距今1.5亿年前

发现地点：欧洲

翼展：90厘米

喙嘴龙类

尾部

喙嘴龙类有着一根又细又长的尾巴，除了最末端之外，整根都是硬邦邦的。尾巴末端通常都有着可动的尾膜。翼手龙类属于短尾型，组成尾巴的骨骼要少得多。

翼手龙类

双型齿翼龙

双型齿翼龙生活在2.05亿年前的英格兰。它属于喙嘴龙类，有着长尾巴、大脑袋和尖利的牙齿。

双型齿翼龙学名的含义是"两种形式的牙齿"。因为这种翼龙的颌部有两种类型的牙齿，是非常罕见的。

利齿杀手

双型齿翼龙很可能以鱼类、昆虫、蜥蜴、蠕虫和其他一些小动物为食。它长有两种类型的牙齿，颌部前端是钉状齿，其后则是锐利的小尖齿。

双型齿翼龙主要生活在海边。它的颌部和牙齿能让它很好地捕食海里的鱼类。

你知道吗?

双型齿翼龙的喙状嘴很可能有着明亮的颜色，就像现生的犀鸟或善知鸟的喙一样。

起飞

双型齿翼龙的翅膀上长着强壮的爪子。它很可能不是从地面直接起飞，而是利用爪子爬上陡峭的岩壁或大树后从高处起飞。

翼龙的行走方式

双型齿翼龙可以用位于躯体下方的两足行走，也可能以翅膀与爪子为前足，四足奔跑。

流畅的飞行家

　　宽阔的翅膀，长长的尾巴，这些身体特征都让双型齿翼龙飞行得更加平稳。

　　有学者认为，双型齿翼龙尾巴的后段较为坚硬，能为它在飞行时提供舵的功能。

发达的后肢

　　与大多数翼龙不同的是，双型齿翼龙的后肢特别发达，高度发育。因此，当它在地面行动时，可以用四肢前行，而且行动异常敏捷。

双型齿翼龙小档案

生存时间：距今2.05亿年前

发现地点：欧洲

翼展：1.4米

149

翼手龙来了

翼手龙类是另一种翼龙类群。它们最早出现于晚侏罗世，直到晚白垩世才灭绝。

翼手龙学名的含义是"有翼的手指"。

它们是肉食性动物，猎食鱼类和小型动物。

翅膀上强壮的爪子是为了更好地攀爬和悬挂。

德国翼龙

作为早期的翼手龙类，德国翼龙的喙部要比喙嘴龙类的更长，牙齿更少。

德国翼龙小档案

生存时间：距今1.5亿年前
发现地点：欧洲
翼展：1.35米

中空的骨骼

骨支柱

飞行动物需要轻巧的身体，而大多数翼龙的骨骼都是中空的。尽管骨骼"中空"，但骨腔内还是布满了许多纤细的骨支柱，从而使薄薄的骨骼得到最大限度的强化。

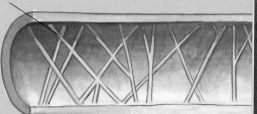

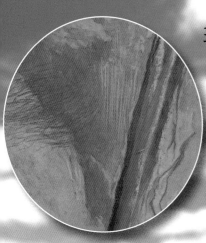

毛茸茸的身体

化石显示，翼龙的头部和身体都覆盖着短短的毛发，但翅膀和尾巴上没有毛发。

你知道吗?

翼手龙可能倒挂在树枝上睡觉，就像现生的蝙蝠一样。

高卢翼龙有一个狭长的喙部。

高卢翼龙

这种翼龙的脑袋后面长有脊冠，而早期翼龙的脊冠多数位于喙部。这很可能是帮助它在飞行中协助平衡以及控制飞行方向，起到舵面的作用。

高卢翼龙小档案

生存时间：距今1.5亿年前

发现地点：欧洲

翼展：1米

不寻常的侏罗纪翼龙类

还有少数几种喙嘴龙类与翼手龙类共同生活在侏罗纪，其中最不寻常的两种就是蛙嘴龙和魔鬼翼龙。

起飞

翼龙很可能是从悬崖上跳起来起飞的，然后打开翅膀以阻止进一步下跌，随后开始飞翔。

魔鬼翼龙

这种翼龙学名的含义为"毛茸茸的魔鬼"。化石显示，魔鬼翼龙的头部和身上覆满了浓密的长毛，甚至翅膀上也长有毛发，只是短少一些。

魔鬼翼龙小档案

生存时间：	距今1.5亿年前
发现地点：	亚洲
翼展：	60厘米

蛙嘴龙小档案

生存时间：距今1.5亿年前

发现地点：欧洲

翼展：50厘米

蛙嘴龙

　　这种小型翼龙属于喙嘴龙类，但它和翼手龙类一样有着短小的尾巴。蛙嘴龙有着小且尖锐的牙齿，逆风兜食昆虫，就像现生的褐雨燕一样。

蛙嘴龙的身体仅有人的指头那么宽。

从浪尖处起飞

　　有时候，翼龙必须从水中起飞。它们可能借助浪尖或用双脚踩水，飞上天际。

翼手龙

生活在距今约1.6亿至1.45亿年前的翼手龙有着很多不同的种类，它们的化石在欧洲和非洲的部分地区都有发现。

嘴和牙齿

一些翼手龙的牙齿分布均匀，而另一些仅在颌部前端长有牙齿，后面则没有。

多种尺寸

一些翼手龙只有乌鸦大小，而另一些的翼展竟长达2.5米。

窄长的翅膀有助于翼手龙长距离滑翔。

翼手龙小档案

生存时间：	距今1.6亿至1.45亿年前
发现地点：	欧洲、亚洲
翼展：	36厘米-250厘米

飞行和休息

　　翼手龙窄长的翅膀可以协助它更好地飞行，而且它会用爪子将自己倒挂在树枝上休息。

身体特征

　　翼手龙有着短短的尾巴和长长的脖子，头骨上有着巨大的空腔，这令其更加轻盈。

哺育幼崽

　　亚成年的翼手龙也懂得飞行，但并不能自己捕食猎物。所以翼手龙双亲可能需要养育自己的幼崽，将食物反刍给它们。

早白垩世的翼龙

到了白垩纪，喙嘴龙类已经销声匿迹。但翼手龙类却发展出多个类群，遍布世界各地。

联鸟龙

它是最早出现的，真正的大型翼龙之一，有着一个非同寻常的喙部和许多短且锐利的牙齿。该构造是绝妙的捕鱼利器。

联鸟龙小档案

生存时间：距今1.3亿年前

发现地点：欧洲

翼展：5米

颌翼龙

准噶尔翼龙

塞阿拉翼龙

南翼龙

喙和食物

细长的牙齿方便翼龙捕食鱼类或其他小动物，尖尖的喙部可以从海滨挖出蠕虫，梳状的牙齿则是过滤食物的有效工具。

翼龙生活在哪里？

很多翼龙以鱼类为食，因此很可能临水而居。化石经常发现于海洋、湖泊、河流和沼泽附近。还有一些很可能生活在森林或沙漠中，当然，这仅仅是推测而已。

古魔翼龙

古魔翼龙的脖子十分灵活，可以帮助它轻松地从水面攫取食物。但它的腿却又小又弱，以至于走路都十分困难。

古魔翼龙小档案

生存时间：距今1.2亿年前

发现地点：南美洲

翼展：4米

157

独特的白垩纪猎手

很多翼龙都是以鱼类为食。但某些种类的翼龙长着特殊的喙部，会捕食其他海洋生物，譬如壳类、蠕虫和虾。

南翼龙

南翼龙的下颌有一组刚毛状的牙齿，看上去非常像刷子的鬃毛。这种牙齿结构可能是用来过滤水中的浮游生物、藻类、甲壳动物，以及小鱼小虾等小型水中动物的。南翼龙可能在浅水中边走边过滤食物，也可能是飞着掠过水面，然后用嘴捞起食物。

南翼龙小档案

生存时间：距今1.4亿年前

发现地点：南美洲

翼展：1.3米

你知道吗？

南翼龙的下颌密密麻麻长满了1000颗刚毛状的长牙。

翼龙托儿所

翼龙会下蛋，并在一起筑巢。翼龙的爸爸妈妈在外觅食的时候，会将它们的幼崽留在悬崖上以保安全。

准噶尔翼龙小档案

生存时间：	距今1.45亿年前
发现地点：	亚洲
翼展：	3米

准噶尔翼龙

准噶尔翼龙的尖喙就如同钳子一般。它会用这把"大钳子"伸进沙土或岩石的裂缝中，镊住并拉出蠕虫和有壳类动物。

准噶尔翼龙的头和颈部加起来能有一米长！除了那把"大钳子"，准噶尔翼龙的头颅顶部至喙之间还有一个明显的骨冠。

南翼龙绰号为"火烈鸟翼龙"！

更多的翼龙

　　翼龙会在飞行中觅食，因此它们的翅膀非常重要。它们会非常仔细地照顾自己的翅膀，在休息时会小心地收叠起来，并用爪子或牙齿清理掉翅膀上的污垢，时刻保持干净。

第一件翼龙化石

　　1784年，第一件翼龙化石发现于德国。学者经过研究认定它属于会飞的爬行动物，并取名翼手龙，意为"有翼的手指"。

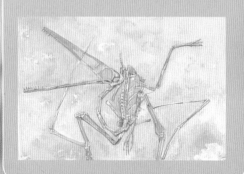

脊颌翼龙

　　脊颌翼龙的喙部，包括上、下颌前端都长着一个高突的脊冠。脊颌翼龙插入水中觅食时很可能用脊冠来固定喙部的方向，或者在繁殖季节炫耀自己巨大的脊冠，来博取异性的欢心。

脊颌翼龙小档案

生存时间：	距今1.2亿年前
发现地点：	南美洲
翼展：	6米

翼龙的脊冠

显眼而艳丽的脊冠帮助翼龙吸引配偶，同时在飞行时起到类似舵面的稳定作用。

庞大的无齿翼龙

德国翼龙

古神翼龙

无齿翼龙

无齿翼龙的翅膀非常长，整个翅膀的宽度比四个成年人头脚相连还要长出许多。

无齿翼龙小档案

生存时间：距今8500万年前	
发现地点：欧洲、北美洲、亚洲	
翼展：8米	

海边峭壁

翼龙类，譬如无齿翼龙，很可能是从海边的悬崖上，利用上升气流起飞。

尽管无齿翼龙有着庞大的翅膀，但身体重量仅为18千克。

风神翼龙

这种令人惊奇的翼龙是地球上有史以来最大的飞行生物。它竟然有一架小型飞机那么大，翼展至少有11米。二战时期的"野马"式战斗机是当时著名的战斗机，但它的翼长也还不到12米。目前，在会飞的动物中，信天翁的翼展最长，能达到3.5米。

风神翼龙会叫吗？

我们并不清楚风神翼龙是否也会像现生海鸥一样发出唧唧喳喳的叫声。它们可能会动动喙嘴或扇动翅膀来发出短而尖锐的碰撞声。

已知最大的飞行者

风神翼龙的脑袋超过2米，长长的脖子更达3米多。

绒毛

风神翼龙意为"带羽毛的蛇"，但据了解，风神翼龙并没有羽毛，它的身体很可能覆盖着绒毛或毛状鳞片。

强壮的喙

风神翼龙很可能在河流和湖泊里搜寻食物，用它那强壮的喙嘴当探针，捕食水中的蟹和其他有壳类动物。

风神翼龙能在空中滑翔很远的距离。当它在地面上时，风神翼龙可能会用四肢行走。它的生活方式，与现在的鹳类似。

翼龙中的"秃鹰"？

这种巨大的飞行动物可能像现生的秃鹰一样，是一种食腐动物。它会在陆地上方巡视，设法找到死亡或垂死的动物。一旦发现，风神翼龙就会降落在动物身上，用它那尖锐的喙部开始大快朵颐。

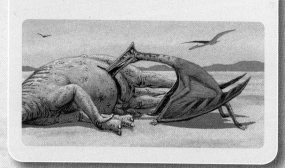

风神翼龙可能具有良好的视力。

风神翼龙小档案

生存时间：距今7000万年前

发现地点：北美洲

翼展：11米

163

远古海洋中的龙

尽管有些恐龙能够在湖畔或河流边上觅食，但从来没有恐龙生活在海洋中，海洋中生活着其他一些完全不同的生物，譬如鱼类和有壳类。除此之外，还有几种巨型的海生爬行动物，包括蛇颈龙类、上龙类和鱼龙类。

恐龙时代的海洋

在恐龙时代，会游水的大型爬行动物统治了整个海洋。它们都是可怕的猎食者，以鱼类和其他海洋生物为食。

呼吸

海生爬行动物并没有像鱼一样有鳃，因此它们必须不定期地浮出水面呼吸。

其他海洋动物

在海洋爬行动物的邻居中，最常见的就是菊石。现在，它们已经消失无踪。

海蜇

乌贼

菊石

鲎

海龟

菊石

鱼龙类

海洋爬行动物

鱼龙类、上龙类和蛇颈龙类与恐龙同时灭绝，已经永远地消失了。但是其他的爬行动物，譬如海龟，却仍然生活在海洋里。

海鲜

早在恐龙出现之前，距今3亿年前，鲨鱼就已经畅游于大洋中捕食鱼类。在经历了1亿年之后，它们终于成为海洋里的顶级掠食者，一直到今日。

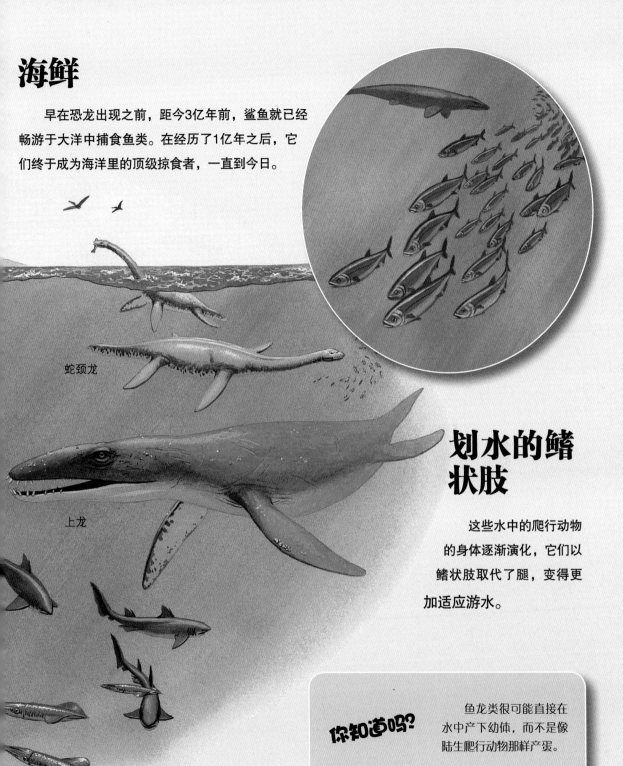

蛇颈龙

上龙

划水的鳍状肢

这些水中的爬行动物的身体逐渐演化，它们以鳍状肢取代了腿，变得更加适应游水。

你知道吗？

鱼龙类很可能直接在水中产下幼仔，而不是像陆生爬行动物那样产蛋。

幻龙类

幻龙是最早的大型海生爬行动物。它们指间有蹼，而不是鳍状肢，而且更多时候待在陆地。

鸥龙

这类爬行动物走起路来比游泳更在行，它很可能已经开始在海边捕食。

壳龙

壳龙也属于幻龙类，它有着非常长的脚趾。它很可能依靠长身体和尾巴的摆动，以及划动前肢来游水。

壳龙小档案

| 生存时间：距今2.25亿年前 |
| 发现地点：欧洲 |
| 长度：4米 |

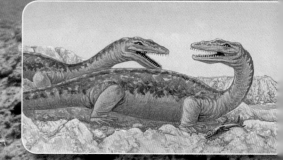

鸥龙小档案

生存时间：距今2.25亿年前

发现地点：欧洲

长度：60厘米

纯信龙

纯信龙的腿像鳍状肢，它很可能就是利用这个构造畅游于水中。

纯信龙小档案

生存时间：距今2.25亿年前

发现地点：欧洲

长度：3米

幻龙

与其他的幻龙类一样，这种爬行动物的嘴中布满了密密麻麻又巨大锋利的牙齿。它们合在一起就像尖钉般的笼子，将鱼儿等食物牢牢地困在里面。

空闲时也登陆

幻龙会躺在石头上晒太阳，就像现生的海豹和海狮一样。

幻龙小档案

生存时间：距今2.25亿年前

发现地点：亚洲、欧洲、北非

长度：3米

蛇颈龙类

这种海生爬行动物最早出现于距今2亿年前。它们有着小小的脑袋和长长的脖子，主要以鱼类和其他小型海洋生物为食。

蛇颈龙

这是最早出现的蛇颈龙类之一。和其他的蛇颈龙类一样，它很可能利用长长的鳍状肢上下扑水来运动，这种方式在现生海龟身上也可以看到。

蛇颈龙小档案

生存时间：距今2亿年前

发现地点：欧洲

长度：2.5米

隐锁龙小档案

生存时间：距今1.5亿年前

发现地点：欧洲

长度：4米

隐锁龙

隐锁龙的鳍状肢由很多小关节组成，这让它的鳍状肢可以更滑顺、更灵活地弯曲。

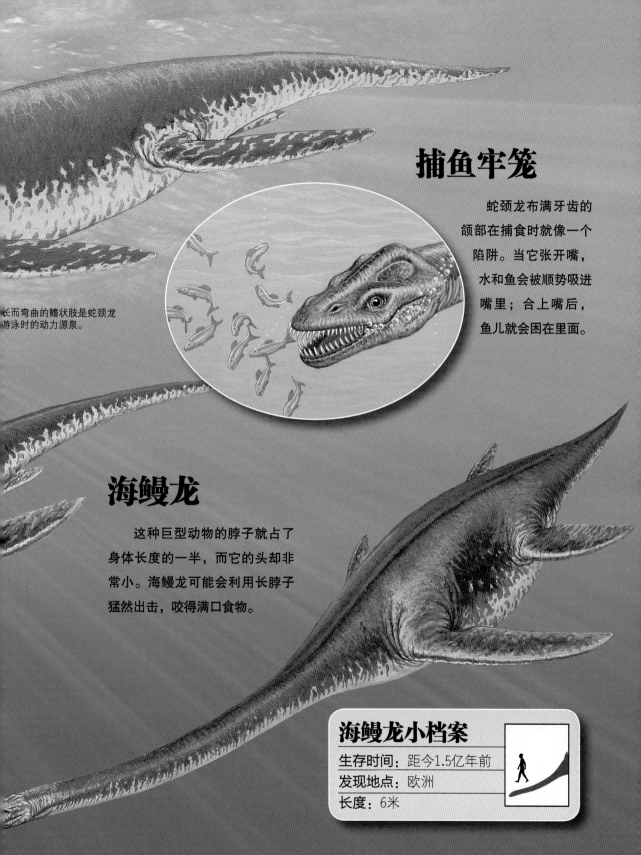

长而弯曲的鳍状肢是蛇颈龙游泳时的动力源泉。

捕鱼牢笼

蛇颈龙布满牙齿的颌部在捕食时就像一个陷阱。当它张开嘴，水和鱼会被顺势吸进嘴里；合上嘴后，鱼儿就会困在里面。

海鳗龙

这种巨型动物的脖子就占了身体长度的一半，而它的头却非常小。海鳗龙可能会利用长脖子猛然出击，咬得满口食物。

海鳗龙小档案

生存时间：距今1.5亿年前	
发现地点：欧洲	
长度：6米	

薄片龙

薄片龙是最长的蛇颈龙类，它长长的脖子就超过体长的二分之一，它是蛇颈龙类中的"末代皇帝"。

更多骨骼

大多数爬行动物的脖子上有5至10个椎体，但薄片龙的椎体却超过70个，比任何其他动物都要多。这些椎体构成了一条非常长且易弯曲的脖子。

另外，薄片龙有着庞大的身躯和四个鳍状肢，并且头部里面有着锋利的牙齿。

置顶的眼睛

薄片龙的眼睛位于头顶，这显得非常奇特，这种构造可以让它看到头顶上游过的鱼儿并抓住它们。

蛇颈龙类的头骨

薄片龙有着一个又长又扁的脑袋。尖尖的鼻子可以划开水面，长牙则是捕鱼最完美的牢笼。

长长的脖子可以扭转，并能快速转动。

它们还活着吗？

学者认为，蛇颈龙和恐龙一样，在6500万年前已经灭绝了。但有很多人坚信，蛇颈龙仍然活着，而且很可能生活在深湖之中。

薄片龙通常挺直它的长脖子活动。

迅猛的猎人

薄片龙很可能以鱼类、乌贼、菊石等小动物为食。它游泳的速度并不快，它会偷偷跟在猎物的后面，长长的脖子能让猎物很难发现它。吃完鱼之后，薄片龙会吃一些小石头来帮助消化。

你知道吗？

薄片龙的脖子竟然长达8米。这相当于4个身材高大的男子躺成一条直线的长度，太不可思议了！

薄片龙小档案

薄片龙小档案	
生存时间：距今7000万年前	
发现地点：亚洲、北美洲	
长度：14米	

上龙类

这些爬行动物是蛇颈龙类的近亲。它们的脖子短短的，脑袋大大的，是极为凶残的掠食者。

巨板龙小档案

生存时间：距今2亿年前

发现地点：欧洲

长度：5米

呼吸

上龙类的鼻孔位于头顶，这意味着它可以轻松地将头抬出水面呼吸。上龙类是肉食性动物，强壮的颌部有着锋利的牙齿，可以捕食大的猎物。

巨板龙

这种早期的上龙类像蛇颈龙类一样，有个长长的脖子。但与大多数的蛇颈龙类恰恰相反的是，它的后鳍状肢要大于前鳍状肢。

泥泳龙

泥泳龙长着坚固的圆锥形的牙齿，有着短短的颈部和长长的颌部，可以一口咬住体型巨大的鱼类、乌贼，甚至蛇颈龙等大型动物。泥泳龙的流线形体型也能让它很快地追捕猎物。

泥泳龙小档案

生存时间：距今1.45亿年前

发现地点：亚洲、欧洲

长度：3米

巨板龙有着和鳄鱼一样大且长的脑袋和排牙。

克柔龙小档案

生存时间：距今1.4亿年前

发现地点：澳大利亚

长度：9米

克柔龙

克柔龙是个凶猛的掠食者。它巨大的脑袋长达2.7米，长有很多巨大而锋利的牙齿。它还能通过拍打鳍状肢来快速移动。

滑齿龙

滑齿龙学名的含义是"平滑侧边牙齿"，这种上龙类成员是真正的庞然大物，海洋中的顶级掠食者。它很可能是曾经生活的肉食性动物中最巨型的。它比任何生活在陆地上的肉食性恐龙都要大。

有史以来最庞大的动物？

滑齿龙身长25米，重75吨，有的甚至超过了150吨。它很可能比已知的地球上最大的动物——蓝鲸还要长。

水体的承载

滑齿龙之所以如此巨大的其中一个原因，是它生活在海洋里，也只有水的浮力可以承担它如此庞大的体重。

一只鱼龙被滑齿龙可怕的大嘴吓得落荒而逃。

头骨和牙齿

滑齿龙的头骨长度超过5米，这可比很多恐龙的全长还要长。它的牙齿都是匕首状的。

发达的嗅觉

滑齿龙可以从水流中嗅出不同猎物的气味，如果气味越来越强烈，那么它就会开始追踪。

顶级掠食者

这种巨型的爬行动物"杀手"会猎杀所有遭遇到的动物。大多数的鱼儿只是开胃的小点心，因此它经常猎食其他大型爬行动物，譬如鱼龙和蛇颈龙。

滑齿龙小档案

生存时间：距今1.5亿年前

发现地点：欧洲、南美洲

长度：25米

鱼龙类的风起云涌

和蛇颈龙类、上龙类不同的是，鱼龙类无法上岸，它们终其一生都生活在海洋里。

肖尼鱼龙

肖尼鱼龙长着圆鼓鼓的身体和四个桨状的鳍状肢，四个鳍状肢是等长的。

鱼龙类的骨骼

骨骼构造表明鱼龙类属于爬行动物而非鱼类。它的鳍状肢中有臂骨和腿骨，尾巴里也有椎骨。这些特征都是鱼类所没有的。

大眼鱼龙

这种鱼龙有着长长的颌部，长度超过1米——这个几乎完美的构造极大地方便了大眼鱼龙追逐那些能快速游动的猎物。

大眼鱼龙小档案

生存时间：距今1.5亿年前

发现地点：欧洲、北美洲、南美洲

长度：4.5米

肖尼鱼龙的身体比暴龙还要长。

混鱼龙

这种早期的鱼龙化石在很多地方都有发现。它有着肉质的、分为上下叶的尾鳍。

鱼龙

　　鱼龙是一种类似鱼类和海豚的海洋古生物，大量的鱼龙化石被发现，它已成为有史以来最引人注目、最知名的古生物。这个种类在地球上生存超过了6000万年。鱼龙类的体型适合游泳，某些鱼龙甚至能潜至深海。

食物记录

　　鱼龙吃鱼、乌贼和蜷缩成一团的菊石，所有这些动物都曾在鱼龙化石中发现过。一些大型的鱼龙有着强壮的颌部和锋利的牙齿，它们还可以吃小型爬行动物。

大眼猎人

　　骨骼显示鱼龙类有着巨大的眼睛，其中要数大眼鱼龙的眼睛最大，直径达10厘米。

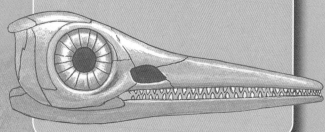

超级感官

　　鱼龙的大眼睛可以帮助它在漆黑一片的深海里看清四周，它的耳朵可以感觉到猎物移动时产生的涟漪。

保存完好的化石

　　很多鱼龙类化石发现时都保存得相当完整，而且很多个体的化石都紧挨在一起，这表明它们曾经成群结队地生活在一起。

—— 鱼龙可以一口咬碎菊石坚硬的外壳。

究竟有多深？

我们无法得知鱼龙能潜得多深。相对它们的食物——如今生活在深海的乌贼，我们推测鱼龙可以下潜到约1000米的深海。

卵生还是卵胎生？

鱼龙无法爬上陆地产卵，它们就像现生的海豚那样，直接在水中产下幼崽。

鱼龙小档案

生存时间：距今2亿年前

发现地点：欧洲、北美洲

长度：1.8米

沧龙类

这类爬行动物是巨型的海生蜥蜴。它们与恐龙生活在同一时期，在距今6500万年前灭绝。

球齿龙

球齿龙的牙齿颇为不同。这些牙齿大小相同，形状酷似高尔夫球，正好适合咬碎螃蟹等带有甲壳的动物。

海王龙小档案

生存时间：距今7000万年前

发现地点：北美洲

长度：9米

连椎龙

连椎龙是沧龙类中的"小个子"，但仍有现生的鲨鱼那么大。它们可能在滨海处觅食，以此来避开大洋深处的巨型沧龙类。

海王龙

和大多数沧龙类一样，海王龙有着四个鳍状肢，巨大的嘴中密布着无数锋利的牙齿。它还有着一条能活动自如的带有棱边的长尾。

连椎龙小档案

生存时间：距今7000万年前

发现地点：北美洲

长度：3.5米

球齿龙小档案

生存时间：距今7000万年前

发现地点：北美洲

长度：6米

沧龙类妈妈

　　沧龙类在水中直接产下幼崽，并会一直照顾幼崽直到它们可以独立觅食为止。

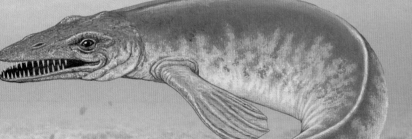

板果龙

　　与其他沧龙类一样，板果龙以菊石和其他硬壳类动物为食。在很多菊石化石的外壳上都发现了沧龙类的齿痕。

板果龙小档案

生存时间：距今7000万年前

发现地点：欧洲、北美洲

长度：4.2米

沧龙

这种巨型生物是非常凶残的杀手，比现生的"海洋杀手"鲨鱼还要可怕。沧龙有着强壮的颌部和锋利的牙齿，这能让它捕食包括巨海龟在内的海洋中所有的动物。

水禽大餐

这种名为黄昏鸟的古鸟类站起来有一人高，它不会飞，但能用有大蹼的后肢划水游泳，于是也沦为沧龙的美味点心。

起源

沧龙的祖先很可能是大型的肉食性蜥蜴。这些蜥蜴向海洋挺进，腿部逐渐演化成桨状鳍。

如何得名？

沧龙化石发现于荷兰的默兹地区，也因此得名，学名意为"默兹的蜥蜴"。18世纪70年代，人们在默兹地区的一个石灰岩矿坑里挖出了沧龙巨大的颌部和牙齿化石。

善游的尾巴

这类爬行动物的鳍状肢又小又弱。因此，它很可能像蛇一样，靠左右摇摆身体和尾巴来游水。

沧龙灭绝后，鲨鱼，就是图中的小个子，接管了海洋，成为了新的霸主。

沧龙小档案

生存时间：	距今7000万年前
发现地点：	欧洲、北美洲
长度：	10米

沧龙的骨骼

沧龙的骨骼显示其臂骨和腿骨与蜥蜴十分相似，弯曲的下颌很像现生的巨蜥。

海龟和楯齿龙类

最早的海龟很可能像陆龟一样生活在陆地。但一部分海龟奔向海洋，选择在水中生活，它们的腿逐渐演化成鳍状肢。

原盖龟

这种海龟的喙状嘴里并没有牙齿，它会用强硬的颌部把有壳生物和水母压碎，吃掉里面柔软的肉。

原盖龟小档案

生存时间：距今7000万年前
发现地点：北美洲
长度：3米

壳上的孔洞

一些海龟的壳并不是实心的，而是由很多条骨片构成，上面覆盖着一层厚厚的弹性皮肤。这样的构造使得壳更加轻盈，便于海龟快速移动。

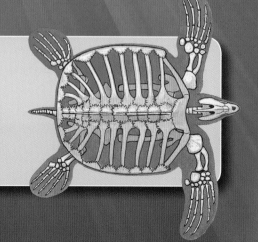

龟龙

龟龙貌似海龟，但它是属于另一类叫做楯齿龙类的爬行动物。它们与幻龙类生活在同一时期。

在海滩上产卵

最早的海龟和现生的海龟一样，会回到陆地上产卵。它们爬上海滩，在沙地上挖坑，将卵产于坑内。

无齿龙

这种爬行动物同样属于楯齿龙类。它有着一个正方形的甲壳，用来抵御鲨鱼等凶残的肉食性动物以保护自己。

鲨鱼

这种海生顶级掠食者在恐龙之前就已出现，时至今日仍是海洋中最可怕的杀手。鲨鱼属于<u>鱼类</u>，并非爬行动物。

白垩颌鲨

在晚白垩世的海洋中，白垩颌鲨是最顶级的掠食者之一。它经常攻击上龙、鳄鱼，甚至沧龙。

弓鲛

这类鲨鱼是速度极快的猎手，就像现生的鲨鱼一样。它前部的牙齿异常锋利，可以紧紧地咬住猎物，宽宽的后部牙齿则可以压碎猎物的骨骼和外壳。

弓鲛小档案

生存时间：距今2.45亿至6500万年前

发现地点：世界各地

长度：2米

白垩颌鲨小档案

生存时间：距今7000万年前

发现地点：北美洲

长度：5.4米

你知道吗？

鲨鱼的骨骼主要由软骨构成，而不是硬骨。

流线型的外形可以让鲨鱼游得更快。

牙齿

远古鲨鱼的牙齿和现生鲨鱼的牙齿非常相似。它的牙齿像三角形牛排刀一样锋利，边缘皆是锯齿，非常适合切割猎物。

角鲨（一种古老的鲨鱼）的牙齿化石

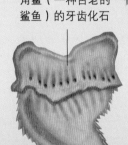

现生虎鲨的牙齿

剑吻鲨

这种鲨鱼的嘴可以张得很宽，一口就能咬住大个头的猎物。但我们不知道它为什么会长着一个又长又尖的吻部。

剑吻鲨小档案

生存时间：距今1亿年前

发现地点：世界各地

长度：50厘米

恐龙世界

　　人类从未亲眼见过一只活生生的恐龙，却对这种生活在几千万年前的生物颇为了解。学者通过对恐龙骨骼和牙齿化石的研究，以及它们与现生动物的对比，来了解恐龙的外貌和它们的生活习性。

地球的历史

在恐龙出现之前，生命已经在陆地上繁衍了1.5亿年之久。最早的生命体非常微小，它们至少形成于20亿年前的海洋。

		第四纪	全新世（1万年前–现在） 大多数的历史记录
新生代	近代的生命	第四纪	更新世（200万年前–1万年前） 早期的人类出现
新生代	近代的生命	第三纪（6500万年前–200万年前） 哺乳动物和鸟类崛起	
中生代	中期的生命	白垩纪（1.44亿年前–6500万年前） 最后的恐龙时代	
中生代	中期的生命	侏罗纪（2.06亿年前–1.44亿年前） 恐龙的鼎盛时期	
中生代	中期的生命	三叠纪（2.5亿年前–2.06亿年前） 很多爬行动物，最早的恐龙开始出现	
古生代	远古的生命	二叠纪（2.86亿年前–2.5亿年前） 似哺乳爬行动物	
古生代	远古的生命	石炭纪（3.6亿年前–2.86亿年前） 许多两栖类，爬行类动物开始出现	
古生代	远古的生命	泥盆纪（4.08亿年前–3.6亿年前） 最早的两栖动物登陆	
古生代	远古的生命	志留纪（4.38亿年前–4.08亿年前） 植物从水中向陆地演化	

代和纪

地球的历史按时间长度划分，称之为代，恐龙就生活于中生代。每个时代又分割成更小的时间长度，称之为纪。比如，中生代就可以分为三叠纪、侏罗纪和白垩纪。

年代是如何划分的？

代和纪都是根据岩石的形成时间以及岩石中的化石推断出来的。

早期的地球

地球形成于约46亿年前。起初，地球上没有任何生命体，生命最早出现于距今30亿年前。

大陆漂移

世界的陆地会缓慢地漂移，并最终分裂成我们今日所见的数块大陆。

在三叠纪，地球是一整片陆地，称为泛大陆。

三叠纪

三叠纪是中生代的第一个纪，最早的恐龙化石发现于约2.3亿年前的中三叠世。

陆地的中心有着巨大的沙漠。

植物

三叠纪最常见的树木有针叶树、银杏和棕榈树般的苏铁。小型植物则包括蕨类、苔藓以及木贼。

你知道吗？

三叠纪的世界是如此的温暖，以至那时的南北极并没有结冰。

三叠纪的气候

三叠纪的气候与现在相差很大，与现在相比更加温暖，雨水更少。这意味着那时有大片的沙漠和干旱的灌木丛林地。

三叠纪的地球

三叠纪只有一块巨大的陆地，我们称之为"泛大陆"，围绕着它的是"泛大洋"。但是随着古地中海的扩张，泛大陆分裂成两个。

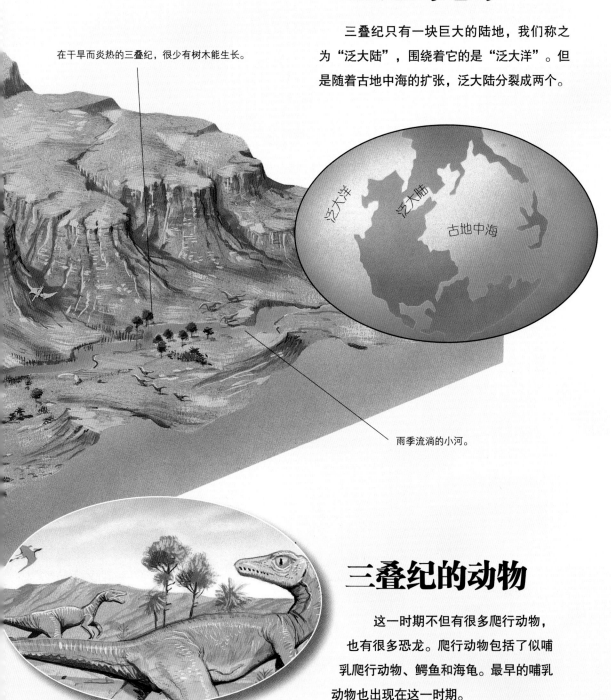

在干旱而炎热的三叠纪，很少有树木能生长。

泛大洋

泛大陆

古地中海

雨季流淌的小河。

三叠纪的动物

这一时期不但有很多爬行动物，也有很多恐龙。爬行动物包括了似哺乳爬行动物、鳄鱼和海龟。最早的哺乳动物也出现在这一时期。

侏罗纪

侏罗纪是中生代的第二个纪。大约距今2亿年前的侏罗纪伊始，世界气候开始改变，气温变低，更多的植物开始生长。

巨大的沼泽逐渐发展成洼地。

植被

侏罗纪的气候温暖、潮湿，原本的沙漠地区如今也长出了植物，主要的树木仍是针叶树，小型植物则包括石松、蕨类和木贼。

你知道吗？

时至今日，世界各大洲仍在移动，但只是以每年几厘米的速度缓慢移动。

侏罗纪的气候

侏罗纪的气候比现在要温暖得多，但不同于三叠纪的酷热。世界各地的气候大体相近，雨季很长，旱季很短。

另外，侏罗纪时期，大气层中氧气的含量是现在的1.3倍。

侏罗纪时期的地图

泛大陆被分隔成两块巨大的大陆，即南部的冈瓦纳古陆和北部的劳亚古陆。

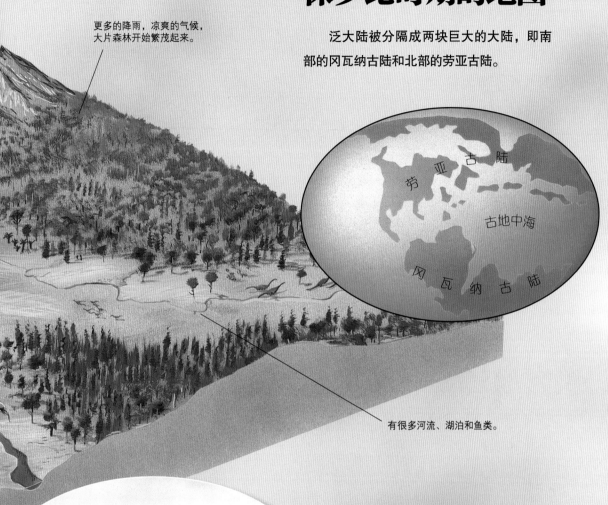

更多的降雨，凉爽的气候，大片森林开始繁茂起来。

有很多河流、湖泊和鱼类。

劳 亚 古 陆

古地中海

冈 瓦 纳 古 陆

侏罗纪的动物

在侏罗纪，恐龙变得越来越常见，并出现了大量小型爬行动物，如蜥蜴等。这一时期也出现了昆虫、蜗牛和蜘蛛，以及最早期的鸟类。

白垩纪

白垩纪的气候变得越来越像现今的气候，南北极开始变冷，赤道地区变得热起来了。

大陆漂移导致很多山脉出现。

植被

白垩纪开始出现显花植物，就如我们今日所看到的——橡树、木兰、胡桃和枫树等树木开始生长。

你知道吗？

至少发现了1000种不同的恐龙，而且可能不止这么多。

白垩纪气候

这一时期的季节变化更加多样。在南北半球都出现了冬季和夏季，接近赤道的地区则出现了旱季和雨季。

白垩纪气候

劳亚古陆和冈瓦纳古陆继续分裂，美洲版块从欧洲和非洲板块上脱离出来，大西洋因此变得更宽了。

虽然雨量减少，但仍有少量的树木成长为森林。

北美洲
欧洲
亚洲
南美洲
非洲
印度
澳大利亚
南极洲

河流和浅海中的鱼类和贝类颇为繁盛。

白垩纪的动物

这一时期不但有比以往种类更多的恐龙，还有其他的爬行动物，譬如蛇。鸟类与会飞的爬行动物——翼龙一起在天空中滑翔。这一时期也出现了一些小型的哺乳动物。

恐龙骨骼

我们熟知的大多数恐龙，多是通过研究它们的骨骼和牙齿化石得以了解的。

腰带

根据恐龙腰带的形态，可以将它们分为两大类：

耻骨往后（鸟臀目）　　耻骨往前（蜥臀目）

髋臼

肠骨

坐骨

耻骨　　　　　　　　　　耻骨

恐龙的姿态

恐龙的腿直立于躯体下方（蜥蜴等爬行动物的腿则是从身体两侧伸出）。

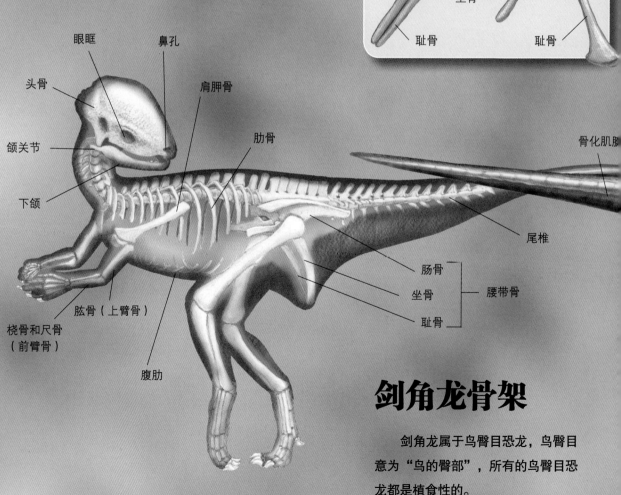

眼眶

鼻孔

头骨

肩胛骨

颌关节

肋骨

骨化肌腱

下颌

尾椎

肱骨（上臂骨）

桡骨和尺骨（前臂骨）

腹肋

肠骨

坐骨　　腰带骨

耻骨

剑角龙骨架

剑角龙属于鸟臀目恐龙，鸟臀目意为"鸟的臀部"，所有的鸟臀目恐龙都是植食性的。

关节类型

肌腱位于肌肉的末端，用于连接骨骼。很多恐龙的尾部有着骨化的肌腱，因而尾巴格外僵硬和坚固。

骨骼化石

恐爪龙等一些能快速奔跑的恐龙的骨骼显示，它们很可能跟哺乳动物一样是温血动物，而不是像大多数爬行动物一样是冷血动物。另外，根据恐爪龙的体型、步态和镰刀状的趾爪，学者认为恐爪龙是动作敏捷的捕食者。

恐爪龙骨架

恐爪龙属于蜥臀目恐龙，蜥臀目意为"蜥蜴的臀部"，这类恐龙包括肉食性和植食性恐龙。

大脑

颈椎

荐椎

胫骨和腓骨

膝关节

股骨

第II趾的镰刀爪

趾骨

踝关节

跖骨

恐龙的肌肉和器官

通过研究类似的现生动物，学者可以推断出恐龙的肌肉和器官究竟长什么样。

大脑

一个恐龙的大脑模型能显示出各自的功能区。

脊椎神经　运动中心
嗅觉区

三角龙的
头部模型

视力区

消化系统

大型植食性恐龙会将食物囫囵吞下，由于植物较硬，难以消化，它们会在胃里利用胃石来帮助碾碎并消化食物。另外，它们的消化系统里可能还会有微生物，帮助消化纤维素。

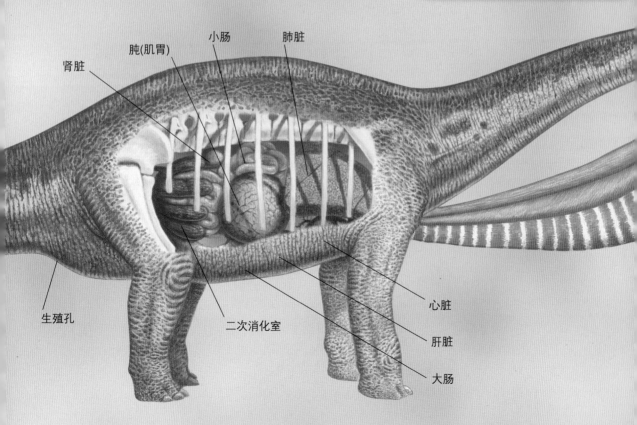

肾脏　肫(肌胃)　小肠　肺脏

生殖孔

二次消化室

心脏

肝脏

大肠

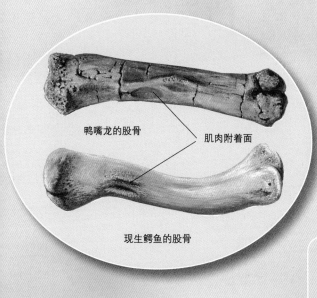

鸭嘴龙的股骨

肌肉附着面

现生鳄鱼的股骨

肌肉附着面

学者们检视恐龙骨骼化石上的肌肉附着面，并对照与其类似的现生动物的骨骼，以此更深入了解恐龙。

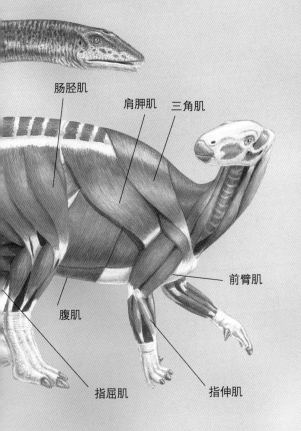

肠胫肌

肩胛肌　三角肌

前臂肌

腹肌

指屈肌　指伸肌

肌肉的线索

骨骼上的印痕表明动物肌肉附着点的位置。这有助于学者研究出肌肉究竟能有多大，以及动物是如何移动的。

肌肉的命名

不少肌肉是依照它们的形状来命名的，譬如三角肌——三角肌意为"三角形的肌肉"。另一些则是按照它们附着的骨骼命名的，譬如股胫肌（股骨-胫骨）。

恐龙灭绝的假说 Ⅰ

现生动物也会逐渐消亡。大约在6500万年前，恐龙和其他一些生物灭绝了。

多长时间？

恐龙于距今6500万年前彻底绝灭，但这并不是在一瞬间发生的。距今7000万年前，恐龙的数量就已经开始减少。

不仅仅是恐龙灭绝了

空中会飞的爬行动物——翼龙，海中的沧龙类和蛇颈龙类，同样也在约6500万年前灭绝了。

小行星撞击说

小行星是一种小小的天体。很多人认为有一颗小行星在6500万年前撞击了地球。

1. 小行星撞击地球。

2. 撞击产生了巨大的爆炸。

3. 大量的尘土和碎屑不断蔓延，导致气候发生变化。

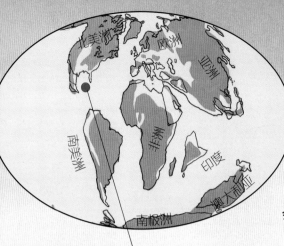

解析小行星撞击说

假如小行星真的在6500万年前撞击了地球，那么撞击所产生的大量尘土和碎屑会四处扩散，遮天蔽日许多年，植物没有了日照之后将枯萎死亡。没有了植物，植食性动物也会死亡，然后肉食性动物也跟着死去。

在墨西哥湾发现的巨大陨石坑很可能就是小行星撞击的地点。

你知道吗?

距今6500万年前，撞击地球的小行星，其直径可达10千米，运动速度高达每秒55千米。

恐龙灭绝的假说 Ⅱ

关于恐龙和其他动物的灭绝有着各种各样的假说。有些看起来非常不可信——比如，有人认为是外星人杀死了当时所有的动物！还有人认为恐龙自己吃光了恐龙蛋，从而导致了恐龙灭绝。甚至有人认为恐龙放屁影响了全球气候，而全球气候的变化导致了恐龙灭绝！

疾病

恐龙和其他动物有可能灭绝于某种在世界范围内扩散的流行病毒。

来自太空的无形射线

假如一个巨大的行星在宇宙中爆炸，那放射线会辐射到地球，这可能杀死恐龙等巨型动物。因为恐龙无法像哺乳动物那样躲藏起来躲避辐射。

气候变化

大陆漂移也会导致气候的变迁，如果气候变得非常寒冷，恐龙也会被冻死。

窒息而死

距今6500万年前，无数火山喷发，空气中充满了有毒气体和灰尘，杀死了无数的动植物。

错综迷离

或许并不是单一的原因导致恐龙灭绝了。很可能是寒冷的天气和火山的爆发杀死了多数的恐龙。最后，小行星的撞击导致剩余恐龙的集体灭绝。

幸存者

这些假说可能可以解释为什么很多动物绝灭了，却无法解释为什么另外一些动物存活了下来。假如恐龙是被某种疾病所杀，那为什么有壳类和一些植物也一起灭绝了呢？

恐龙之后

恐龙灭绝之后，哺乳动物接管了地球。它们统治着地球上的生物，恰如恐龙之前所做的那样。

早期的演化

哺乳动物最早生活在恐龙的阴影下，它们很小，就像鼩鼱那么大，也就是说，还远不及现生的宠物猫那么大。

接管地球

哺乳动物开始演化出不同类型。到了距今2500万年前，青草繁盛，植食性哺乳动物开始以此为食。

最后的统治者

距今400万年前的非洲，人类开始演化出现。猿类中的一个分支开始直立行走，并学会使用工具。

冠齿兽

伪齿兽

始祖马

鳄鱼

并不是所有哺乳动物都留存下来

第三纪有着种类繁多的哺乳动物，从巨大的尤因他兽到小型的古马。这一时期同样有很多爬行动物，它们的外形和现在差不多。

多种植食性哺乳动物逐步演化。

恐龙仍然活着？

很多学者坚信，鸟类就是恐龙的一支。这意味着恐龙并没有完全灭绝，它们化成飞鸟仍生活在我们周围。

鬣齿兽

尤因他兽

斯氏啮猴

始贫齿兽

化石是如何形成的?

化石是死去的动植物的遗骸。遗骸埋进土里，经过亿万年的沧海桑田变成化石。

异齿龙的头骨

化石是由什么构成的?

动物的身体只有坚硬的部分可以变成化石，所以最常见的都是骨骼、牙齿、爪子和贝壳化石。海生的贝类留存下许多化石，譬如菊石。

牙齿和骨骼化石

当牙齿或骨骼埋入地下后，矿物质会逐步地渗透其中。尽管它们会保持着同样的外形，但已经缓慢地变成岩石。

菊石

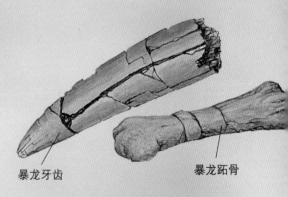

暴龙牙齿

暴龙跖骨

你知道吗? 最古老的动物化石发现于距今约6亿年前的地层。

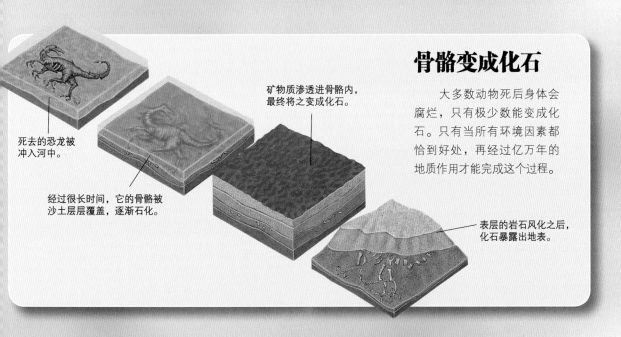

骨骼变成化石

大多数动物死后身体会腐烂，只有极少数能变成化石。只有当所有环境因素都恰到好处，再经过亿万年的地质作用才能完成这个过程。

死去的恐龙被冲入河中。

经过很长时间，它的骨骼被沙土层层覆盖，逐渐石化。

矿物质渗透进骨骼内，最终将之变成化石。

表层的岩石风化之后，化石暴露出地表。

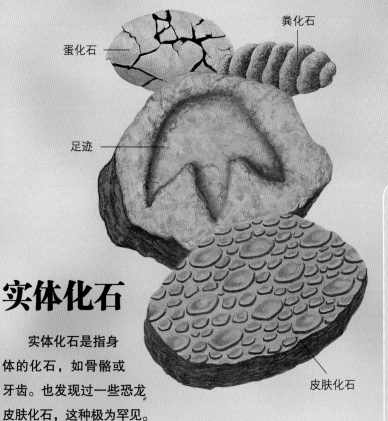

蛋化石

粪化石

足迹

皮肤化石

遗迹化石

足迹或巢穴也能变成化石，这些被称之为遗迹化石，甚至粪便和蛋也能成为化石。

实体化石

实体化石是指身体的化石，如骨骼或牙齿。也发现过一些恐龙皮肤化石，这种极为罕见。

完好保存

琥珀是由树干分泌出的黏稠的树脂形成的。很多远古的琥珀内都发现受困的昆虫。

恐龙的挖掘

化石并不是很好找，但在一些地方，由于强烈的风化作用磨损了恐龙化石所处的岩层，化石便暴露出地表。

搜寻化石

化石的挖掘工作异常艰苦。学者们在悬崖或峭壁处寻找暴露的骨骼或牙齿化石，从而判断有无挖掘的价值。

每一次发现都要仔细地记录下来。

工具和技法

炸药有时会用于协助显露化石。随后会使用许多工具，譬如地质锤和凿子就是用来凿开化石周围的围岩。

继续发现

恐龙学者保罗·赛里诺（Paul Sereno）一直在寻找新的恐龙。真不知道还会发现什么神奇的动物？恐龙化石有时候会在遥远的沙漠中发现，有时候会在田野里发现，甚至有时候就在你家附近的花园中！

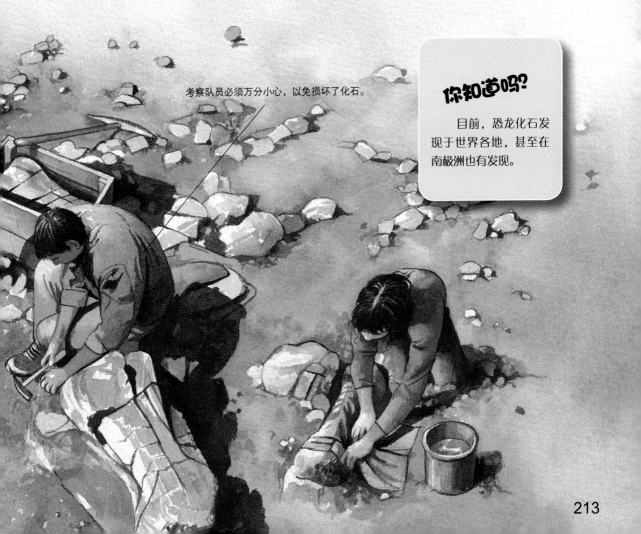

考察队员必须万分小心，以免损坏了化石。

你知道吗？

目前，恐龙化石发现于世界各地，甚至在南极洲也有发现。

恐龙展示

你可以在世界各国的恐龙博物馆里看到恐龙化石。很多博物馆还会展示可动的、会咆哮的仿真复原模型！想想就很过瘾。

清理化石

微小的手动工具和刷子是用来清理恐龙化石上细微的围岩。清理过程会花上数周甚至数月之久。

等大的恐龙让人震撼不已。

整理与排序

　　将一块块的化石拼成一只恐龙，就像玩一个超难的拼图游戏。学者们参考现生动物的骨骼结构，将这些碎块拼凑在一起。

正确的姿势

　　学者们尽可能将恐龙复原装架成它们生前的姿态。

复制品

　　多数恐龙的骨骼化石并不完整，所以必须补齐那些缺失的部分。有时会用到轻质的材料，譬如玻璃钢。

展览

　　最后，当一切都准备妥当，缺掉的部分也补齐后，恐龙就可以对外展示了。观众因此得以近距离欣赏生活在数亿年前的动物了。

透视围岩与化石

　　医用CT机可以用来检视化石，显示出化石的内部构造，协助判断是否值得清理与修复。

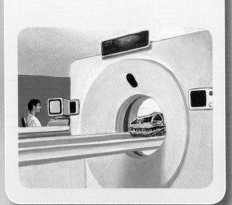

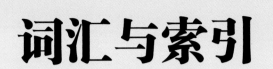

词汇与索引

在这部分里，小读者们会读到一些恐龙学者常使用的词汇及其解释。另外还有一个关于本书所有恐龙及其他史前生物的索引。

词汇

槽齿类

大型、笨重的爬行动物，用四肢匍匐爬行。槽齿类很可能就是恐龙的祖先。

齿系

许多互相噬合的牙齿，形成坚固的磨牙表面。

单孔型

一种似哺乳爬行动物，头骨两边各有一个颞孔。

盾板

镶嵌进恐龙皮肤里的骨板。

泛大陆

二叠纪时期的一块超大陆，三叠纪开始分裂。"泛大陆"的含义为"所有的大陆"。

粪化石

动物粪便的化石。

冈瓦纳大陆

远古南方超大陆，由今天的非洲、澳大利亚、南极洲、南美洲和印度次大陆组成。

化石

动植物死亡后的残骸。恐龙化石包括骨骼和牙齿、足迹、粪化石、胃石、蛋化石，或皮肤印痕等。

脊椎

背上的骨，分为很多节。

脊椎动物

有背椎骨的动物。

颊齿

用来咀嚼的牙齿，在门牙或喙的后面，特别为植食性动物所有。

甲龙类

装甲的恐龙，身披骨板、结节和棘刺。

剑龙类

一种大型植食性恐龙，背上有几排三角形的骨板，尾巴上有棘刺。

角龙

一种大型植食性恐龙，头骨后面长有尖角和骨质的颈盾。

锯齿状

边缘处呈现凹口状，例如兽脚类的牙齿。

蕨类

一种非显花植物，共同的叶柄上长着分开的几片叶子，它们叫做复叶。

科

动物或植物的一个群体，彼此之间有联系。

恐龙

一种爬行动物，用肢体直立行走，而不是像蜥蜴那样爬行。

劳亚古大陆

远古北方超大陆，由今天的北美洲、欧洲和亚洲组成。

冷血动物

通常指从太阳光吸取主要（或全部）的外来热量的动物。

两栖动物

一类有背椎，用四肢爬行的动物，在水里产蛋，例如青蛙。幼年阶段生活在水里，到了成年阶段，既在水里生活，也在陆地上生活。

两足动物

靠后肢站立、行走、奔跑的动物。人类也是两足动物。

猎物

被掠食者捕杀的动物。

掠食者

捕杀其他动物为食的动物。

灭绝

动物或植物的一个种类消失。

木贼

一种植物，枝干直立，叶子很小，是蕨类的亲戚。

目

动物或植物的一个群体，各包括相应的许多种类。恐龙一共有两个目：蜥臀目和鸟臀目。

鸟脚类

两足行走的植食性恐龙，有些头顶上有脊冠。

似鸟龙类

一类行动敏捷的肉食性恐龙，有着长长的脖子，后肢细长，样子和现生的鸵鸟相像。

兽脚类

两足行走的肉食性恐龙，如异特龙和暴龙。

双孔型

头骨两边各有两只颞孔的爬行动物，例如蜥蜴。

四足动物

用四肢站立、行走、奔跑的动物。

苏铁类

长着粗大枝干的非显花植物，没有分枝，长着棕榈叶状的叶子，是现生针叶树的亲戚。

胃石

在某些植食性恐龙的胃里发现的石头，可帮助动物分解消化食物。

温血动物

通常指能控制自身体温的动物，例如哺乳动物和鸟。

无脊椎动物

没有背椎的动物。

无孔型

一种爬行动物，头骨在眼睛后面没有开孔，例如海龟。

鸟臀目

恐龙的两个目之一，植食性，例如甲龙、角龙和剑龙等。

爬行动物

一类冷血动物，身上有鳞片和背椎，在陆地上产蛋。

胚胎

动植物生命发生的早期阶段。

禽龙类

一类植食性恐龙，后肢上有马蹄状的指甲，前肢拇指爪上长有棘刺。

肉食性动物

以吃肉为生的动物。

蛇颈龙类

一类长脖子的爬行动物，生活在海里。

蜥脚类

一类身躯庞大、长脖子、长尾巴的植食性恐龙，用四肢行走。

蜥臀目

恐龙两个目之一，包括所有的兽脚类和蜥脚类。

鸭嘴龙类

一种大型植食性恐龙，长着宽而扁平的喙嘴。

演化

动植物随着时间进行演变的过程。

银杏

一种看起来像针叶树的树木，但秋天会落叶。现生的唯一物种是银杏树。

鱼龙类

一类生活在海里，外形像海豚的爬行动物。

杂食性动物

既吃肉也吃植物的动物。

针叶树

一类产球果的树或灌木，例如冷杉和松树。

植食性动物

只吃植物的动物。

肿头龙类

两足行走的植食性恐龙，头骨厚实。

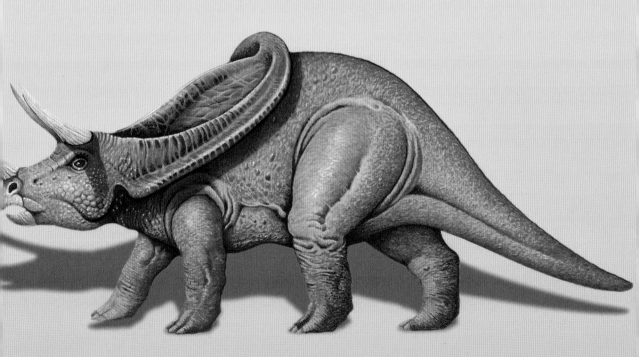

索引